영역별 반복집중학습 프로그램 **기탄영역별수학**
도형·측정편

KB056769

수학과 교육과정에서 초등학교 수학 내용은 '수와 연산', '도형', '측정', '규칙성', '자료와 가능성'의 5개 영역으로 구성되는데, 우리가 이 교재에서 다룰 영역은 '도형·측정'입니다.

'도형' 영역에서는 평면도형과 입체도형의 개념, 구성요소, 성질과 공간감각을 다룹니다. 평면도형이나 입체도형의 개념과 성질에 대한 이해는 실생활 문제를 해결하는 데 기초가 되며, 수학의 다른 영역의 개념과 밀접하게 관련되어 있습니다. 또한 도형을 다루는 경험으로부터 비롯되는 공간감각은 수학적 소양을 기르는 데 도움이 됩니다.

'측정' 영역에서는 시간, 길이, 들이, 무게, 각도, 넓이, 부피 등 다양한 속성의 측정과 어림을 다룹니다. 우리 생활 주변의 측정 과정에서 경험하는 양의 비교, 측정, 어림은 수학 학습을 통해 길러야 할 중요한 기능이고, 이는 실생활이나 타 교과의 학습에서 유용하게 활용되며, 또한 측정을 통해 길러지는 양감은 수학적 소양을 기르는 데 도움이 됩니다.

이 책의 특징

1. 부족한 부분에 대한 집중 연습이 가능

도형·측정 영역은 직관적으로 쉽다고 느끼는 아이들도 있지만, 많은 아이들이 수·연산 영역에 비해 많이 어려워합니다.

길이, 무게, 넓이 등의 여러 속성을 비교하거나 어림해야 할 때는 섬세한 양감능력이 필요하고, 입체도형의 겉넓이나 부피를 구해야 할 때는 도형의 속성, 전개도의 이해는 물론 계산능력까지도 필요합니다. 도형을 돌리거나 뒤집는 대칭이동을 알아볼 때는 실제 해본 경험을 토대로 하여 형성된 추론능력이 필요하기도 합니다.

다른 여러 영역에 비해 도형·측정 영역은 이렇게 종합적이고 논리적인 사고와 직관력을 동시에 필요로 하기 때문에 문제 상황에 익숙해지기까지는 당황스러울 수밖에 없습니다. 하지만 절대 걱정할 필요가 없습니다.

기초부터 차근차근 쌓아 올라가야만 다른 단계로의 확장이 가능한 수·연산 등 다른 영역과 달리, 도형·측정 영역은 각각의 내용들이 독립성 있는 경우가 대부분이어서 부족한 부분만 집중 연습해도 충분히 그 부분의 완성도 있는 학습이 가능하기 때문입니다.

이번에 기탄에서 출시한 기탄영역별수학 도형·측정편으로 부족한 부분을 선택하여 집중적으로 연습해 보세요. 원하는 만큼 실력과 자신감이 쑥쑥 향상됩니다.

2. 학습 부담 없는 알맞은 분량

내게 부족한 부분을 선택해서 집중 연습하려고 할 때, 그 부분의 학습 분량이 너무 많으면 부담 때문에 시작하기조차 힘들 수 있습니다.

무조건 문제 수가 많은 것보다 학습의 흥미도를 떨어뜨리지 않는 범위 내에서 필요한 만큼 충분한 양일 때 학습효과가 가장 좋습니다.

기탄영역별수학 도형·측정편은 다루어야 할 내용을 세분화하여, 한 가지 내용에 대한 학습량도 권당 80쪽, 쪽당 문제 수도 3~8문제 정도로 여유 있게 배치하여 학습 부담을 줄이고 학습효과는 높였습니다.

학습자의 상태를 가장 많이 고민한 책, 기탄영역별수학 도형·측정편으로 미루어 두었던 수학에의 도전을 시작해 보세요.

이 책의 구성

★ 본 학습

제목을 통해 이번 차시에서 학습해야 할
내용이 무엇인지 짚어 보고, 그것을 익히
기 위한 최적화된 연습문제를 반복해서
집중적으로 풀어 볼 수 있습니다.

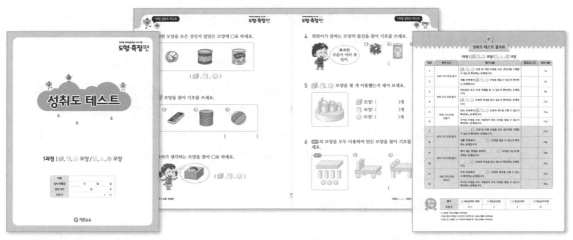

★ 성취도 테스트

성취도 테스트는 본문에서 집중 연습한 내용을 최종적으로 한번 더 확인해 보는 문제들로 구성되어 있습니다.
성취도 테스트를 풀어 본 후, 결과표에 내가 맞은 문제인지 틀린 문제인지 체크를 해가며 각각의 문항을 통해
성취해야 할 학습목표와 학습내용을 짚어 보고, 성취된 부분과 부족한 부분이 무엇인지 확인합니다.

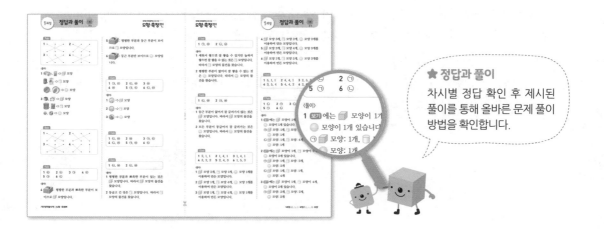

★ 정답과 풀이

차시별 정답 확인 후 제시된
풀이를 통해 올바른 문제 풀이
방법을 확인합니다.

기탄영역별수학
도형·측정편

합동과 대칭

15
과정

기초부터 탄탄하게
G 기탄교육

차례

contents

합동과 대칭

도형의 합동 알아보기

이름 :

날짜 :

시간 :   :   ~   :

🐸 합동인 도형 찾기 ①

★ 왼쪽 도형과 포개었을 때 완전히 겹치는 도형을 찾아 기호를 써 보세요.

1

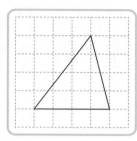 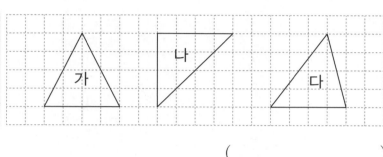

(   )

2

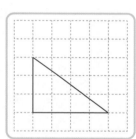 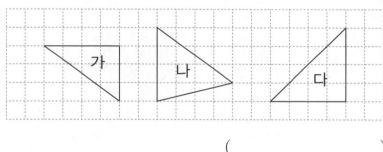

(   )

3

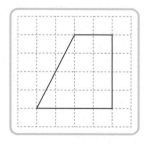

(   )

★ 왼쪽 도형과 포개었을 때 완전히 겹치는 도형을 찾아 기호를 써 보세요.

4

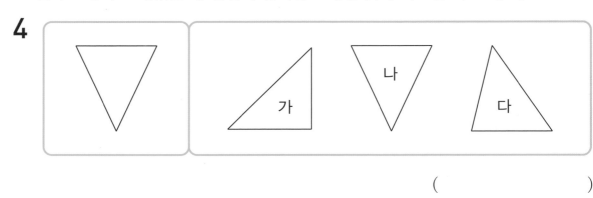

(   )

5

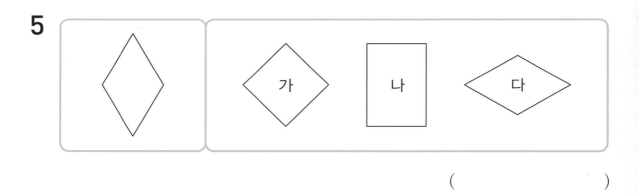

(   )

6

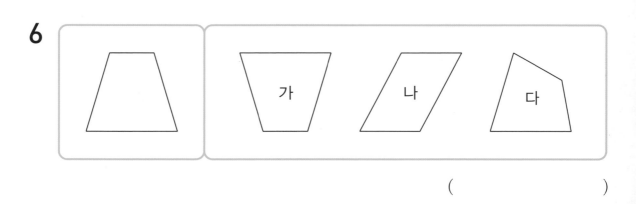

(   )

도형의 합동 알아보기

🐸 합동인 도형 찾기 ②

★ 왼쪽 도형과 서로 합동인 도형을 찾아 ○표 하세요.

1

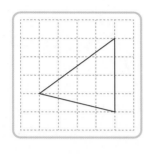 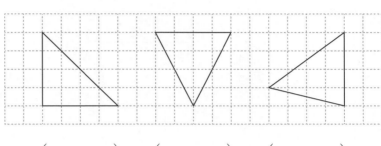

(   )   (   )   (   )

> 모양과 크기가 같아서 포개었을 때 완전히 겹치는 두 도형을 서로 합동이라고 합니다.

2

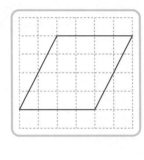

(   )   (   )   (   )

3

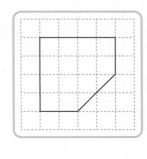

(   )   (   )   (   )

★ 왼쪽 도형과 서로 합동인 도형을 찾아 ○표 하세요.

4

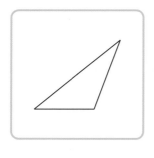   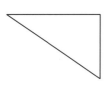   

(   )   (   )   (   )

5

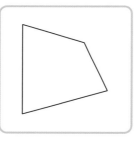   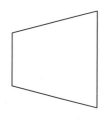   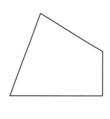   

(   )   (   )   (   )

6

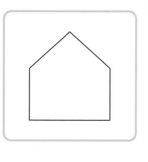   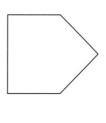   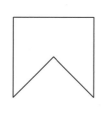

(   )   (   )   (   )

도형의 합동 알아보기

🐸 합동인 도형 찾기 ③

★ 도형 가와 합동인 도형을 모두 찾아 기호를 써 보세요.

1

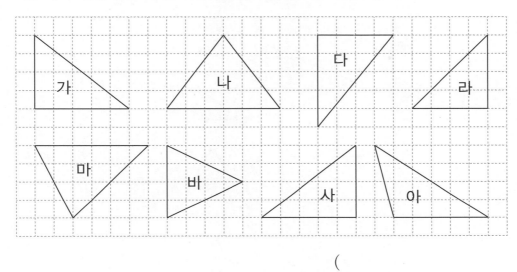

(   )

2

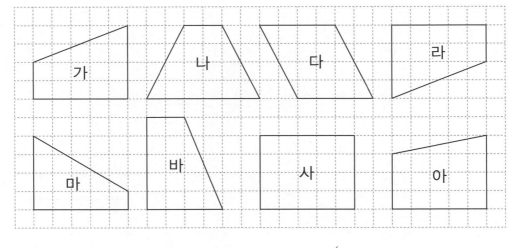

(   )

★ 도형 가와 합동인 도형을 모두 찾아 기호를 써 보세요.

3

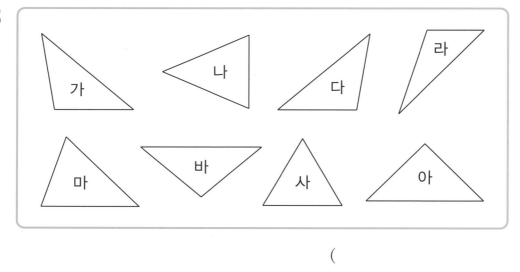

(   )

4

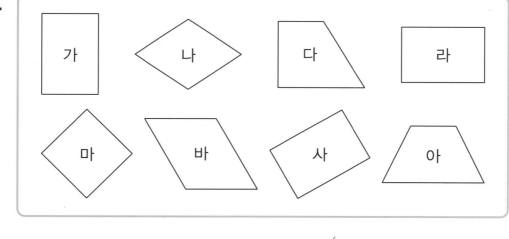

(   )

영역별 반복집중학습 프로그램

도형·측정편

4a

도형의 합동 알아보기

이름 :
날짜 :
시간 :   :   ~   :

🐸 합동인 도형 찾기 ④

★ 서로 합동인 도형을 모두 찾아 기호를 써 보세요.

1

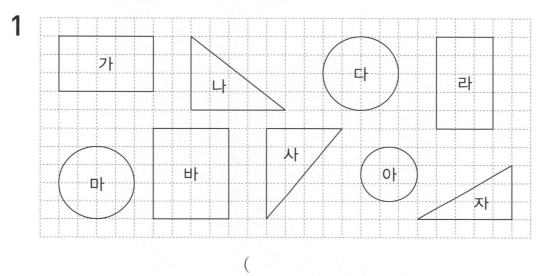

(   )

2

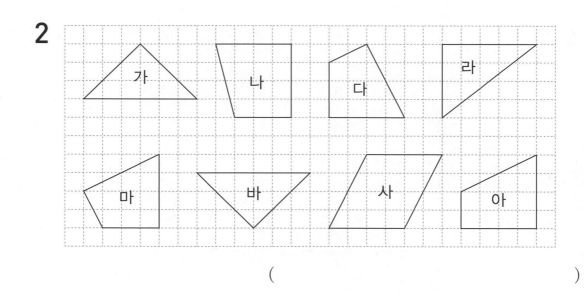

(   )

15과정 합동과 대칭

★ 서로 합동인 도형은 모두 몇 쌍인지 써 보세요.

3

가 　나 　다 　라

마 　바 　사 　아

(　　　　　)쌍

4

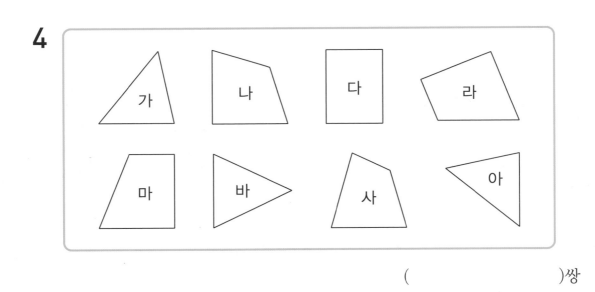

(　　　　　)쌍

도형의 합동 알아보기

🐸 합동인 도형 그리기

★ 주어진 도형과 서로 합동인 도형을 그려 보세요.

1

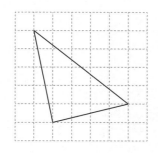 ➡

2

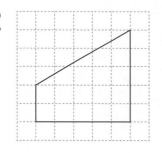 ➡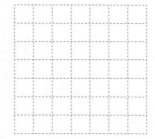

3

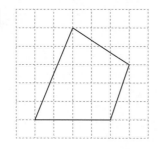 ➡

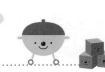

★ 주어진 도형과 서로 합동인 도형을 그려 보세요.

4

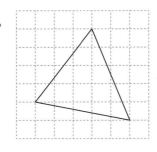 

5

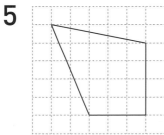 

6

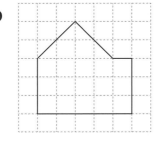

도형의 합동 알아보기

이름 :
날짜 :
시간 :   :   ~   :

🐸 합동인 도형 만들기 ①

★ 점선을 따라 잘랐을 때 잘린 두 도형이 서로 합동이 아닌 것을 찾아 기호를 써 보세요.

1

가   나   다   라

(   )

2

가   나   다   라

(   )

3

가   나   다   라

(   )

★ 점선을 따라 잘랐을 때 잘린 두 도형이 서로 합동이 아닌 것을 찾아 기호를
써 보세요.

4

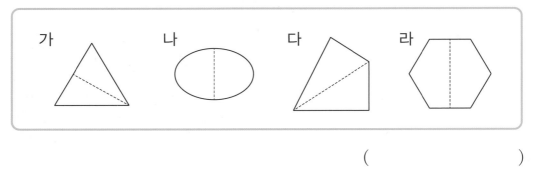

(   )

5

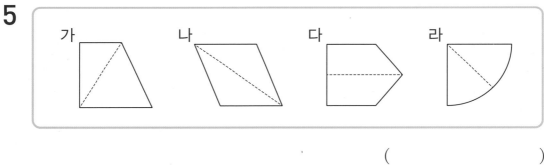

(   )

6

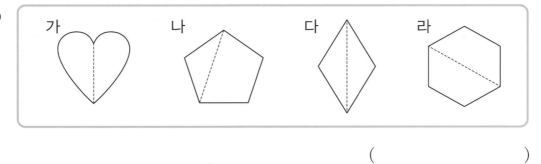

(   )

도형의 합동 알아보기

이름 :

날짜 :

시간 :   :   ~   :

🐸 합동인 도형 만들기 ②

1 직사각형 모양의 종이를 잘라서 서로 합동인 도형으로 만들려고 합니다. 어떻게 자르면 되는지 선을 그어 보세요.

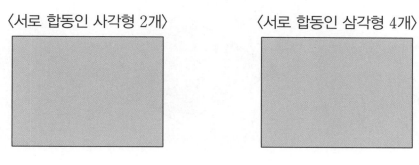

〈서로 합동인 사각형 2개〉   〈서로 합동인 삼각형 4개〉

2 정삼각형 모양의 종이를 잘라서 서로 합동인 도형으로 만들려고 합니다. 어떻게 자르면 되는지 선을 그어 보세요.

〈서로 합동인 삼각형 2개〉   〈서로 합동인 삼각형 4개〉

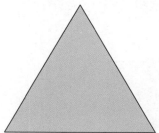   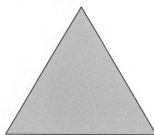

3 마름모 모양의 종이를 잘라서 서로 합동인 도형 4개로 만들려고 합니다. 어떻게 자르면 되는지 선을 그어 보세요.

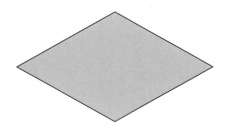

4 정삼각형 모양의 종이를 잘라서 서로 합동인 도형 3개로 만들려고 합니다. 어떻게 자르면 되는지 선을 그어 보세요.

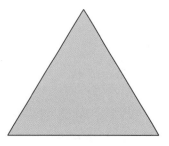

5 정사각형 모양의 종이를 잘라서 서로 합동인 도형 8개로 만들려고 합니다. 어떻게 자르면 되는지 선을 그어 보세요.

합동인 도형의 성질 알아보기

🐸 합동인 도형의 대응점, 대응변, 대응각 알아보기 ①

★ 서로 합동인 두 도형을 포개었을 때 겹치는 곳을 알아보세요.

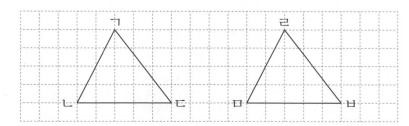

1 포개었을 때 겹치는 꼭짓점을 모두 찾아보세요.

점 ㄱ과 (   )

점 ㄴ과 (   )

점 ㄷ과 (   )

2 포개었을 때 겹치는 변을 모두 찾아보세요.

변 ㄱㄴ과 (   )

변 ㄴㄷ과 (   )

변 ㄷㄱ과 (   )

3 포개었을 때 겹치는 각을 모두 찾아보세요.

각 ㄱㄴㄷ과 (   )

각 ㄱㄷㄴ과 (   )

각 ㄴㄱㄷ과 (   )

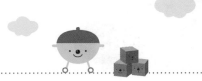

★ 서로 합동인 두 도형을 포개었을 때 겹치는 곳을 알아보세요.

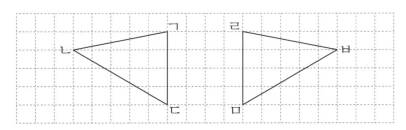

4 포개었을 때 겹치는 꼭짓점을 모두 찾아보세요.

점 ㄱ과 (   )

점 ㄴ과 (   )

점 ㄷ과 (   )

5 포개었을 때 겹치는 변을 모두 찾아보세요.

변 ㄱㄴ과 (   )

변 ㄴㄷ과 (   )

변 ㄷㄱ과 (   )

6 포개었을 때 겹치는 각을 모두 찾아보세요.

각 ㄱㄴㄷ과 (   )

각 ㄱㄷㄴ과 (   )

각 ㄴㄱㄷ과 (   )

도형·측정편

9a

합동인 도형의 성질 알아보기

이름 :

날짜 :

시간 :   :   ~   :

🐸 합동인 도형의 대응점, 대응변, 대응각 알아보기 ②

★ 서로 합동인 두 도형에서 대응점, 대응변, 대응각을 알아보세요.

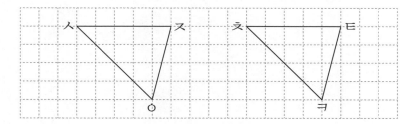

1 대응점을 각각 찾아 써 보세요.

서로 합동인 두 도형을
포개었을 때 완전히 겹치는
점을 대응점, 겹치는 변을
대응변, 겹치는 각을
대응각이라고 합니다.

점 ㅅ과 (   )

점 ㅇ과 (   )

점 ㅈ과 (   )

2 대응변을 각각 찾아 써 보세요.

변 ㅅㅇ과 (   )

변 ㅇㅈ과 (   )

변 ㅈㅅ과 (   )

3 대응각을 각각 찾아 써 보세요.

각 ㅅㅇㅈ과 (   )

각 ㅇㅈㅅ과 (   )

각 ㅈㅅㅇ과 (   )

★ 서로 합동인 두 도형에서 대응점, 대응변, 대응각을 알아보세요.

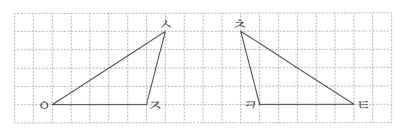

4 대응점을 각각 찾아 써 보세요.

점 ㅅ과 (   )

점 ㅇ과 (   )

점 ㅈ과 (   )

5 대응변을 각각 찾아 써 보세요.

변 ㅅㅇ과 (   )

변 ㅇㅈ과 (   )

변 ㅈㅅ과 (   )

6 대응각을 각각 찾아 써 보세요.

각 ㅅㅇㅈ과 (   )

각 ㅇㅈㅅ과 (   )

각 ㅈㅅㅇ과 (   )

합동인 도형의 성질 알아보기

이름 :
날짜 :
시간 :   :   ~   :

🐸 합동인 도형의 대응점, 대응변, 대응각 알아보기 ③

★ 서로 합동인 두 도형에서 대응점, 대응변, 대응각을 알아보세요.

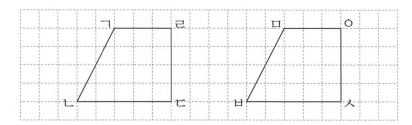

1 점 ㄱ과 점 ㄷ의 대응점을 각각 찾아 써 보세요.

점 ㄱ과 (   )

점 ㄷ과 (   )

2 변 ㄴㄷ과 변 ㄷㄹ의 대응변을 각각 찾아 써 보세요.

변 ㄴㄷ과 (   )

변 ㄷㄹ과 (   )

3 각 ㄱㄴㄷ과 각 ㄹㄱㄴ의 대응각을 각각 찾아 써 보세요.

각 ㄱㄴㄷ과 (   )

각 ㄹㄱㄴ과 (   )

★ 서로 합동인 두 도형에서 대응점, 대응변, 대응각을 알아보세요.

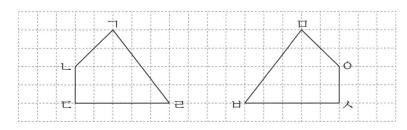

4 점 ㄴ과 점 ㄹ의 대응점을 각각 찾아 써 보세요.

점 ㄴ과 (   )

점 ㄹ과 (   )

5 변 ㄱㄴ과 변 ㄹㄱ의 대응변을 각각 찾아 써 보세요.

변 ㄱㄴ과 (   )

변 ㄹㄱ과 (   )

6 각 ㄴㄷㄹ과 각 ㄷㄹㄱ의 대응각을 각각 찾아 써 보세요.

각 ㄴㄷㄹ과 (   )

각 ㄷㄹㄱ과 (   )

도형·측정편

11a

합동인 도형의 성질 알아보기

이름 :

날짜 :

시간 :　:　～　:

🐸 합동인 도형의 성질 알아보기 ①

★ 서로 합동인 두 도형에서 대응변의 길이와 대응각의 크기를 비교해 보세요.

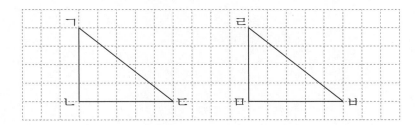

1 두 삼각형에서 각각의 대응변의 길이를 비교하여 ○ 안에 >, =, <를 알맞게 써넣으세요.

(변 ㄱㄴ) ◯ (변 ㄹㅁ)

(변 ㄴㄷ) ◯ (변 ㅁㅂ)

(변 ㄷㄱ) ◯ (변 ㅂㄹ)

2 두 삼각형에서 각각의 대응각의 크기를 비교하여 ○ 안에 >, =, <를 알맞게 써넣으세요.

(각 ㄱㄴㄷ) ◯ (각 ㄹㅁㅂ)

(각 ㄴㄷㄱ) ◯ (각 ㅁㅂㄹ)

(각 ㄷㄱㄴ) ◯ (각 ㅂㄹㅁ)

3 위 1, 2번으로 알게 된 서로 합동인 두 도형의 성질을 설명해 보세요.

_____

_____

★ 서로 합동인 두 도형에서 대응변의 길이와 대응각의 크기를 비교해 보세요.

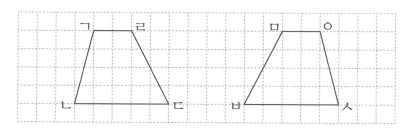

4 두 사각형에서 각각의 대응변의 길이를 비교하여 ○ 안에 >, =, <를 알맞게 써넣으세요.

(변 ㄱㄴ) ◯ (변 ㅇㅅ), (변 ㄴㄷ) ◯ (변 ㅅㅂ)

(변 ㄷㄹ) ◯ (변 ㅂㅁ), (변 ㄹㄱ) ◯ (변 ㅁㅇ)

5 두 사각형에서 각각의 대응각의 크기를 비교하여 ○ 안에 >, =, <를 알맞게 써넣으세요.

(각 ㄱㄴㄷ) ◯ (각 ㅇㅅㅂ), (각 ㄴㄷㄹ) ◯ (각 ㅅㅂㅁ)

(각 ㄷㄹㄱ) ◯ (각 ㅂㅁㅇ), (각 ㄹㄱㄴ) ◯ (각 ㅁㅇㅅ)

6 위 **4**, **5**번으로 알게 된 서로 합동인 두 도형의 성질을 설명해 보세요.

_____

_____

기탄영역별수학 | 도형·측정편

합동인 도형의 성질 알아보기

이름 :
날짜 :
시간 :   :   ~   :

🐸 합동인 도형의 성질 알아보기 ②

★ 두 삼각형은 서로 합동입니다. 물음에 답하세요.

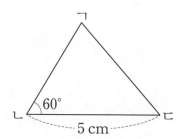 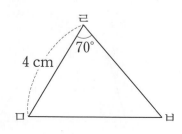

1 변 ㄱㄴ은 몇 cm인가요?

(   ) cm

2 변 ㅁㅂ은 몇 cm인가요?

(   ) cm

3 각 ㄴㄱㄷ은 몇 도인가요?

(   )°

4 각 ㄹㅁㅂ은 몇 도인가요?

(   )°

5 각 ㄴㄷㄱ, 각 ㅁㅂㄹ은 각각 몇 도인지 구해 보세요.

(   )°, (   )°

★ 두 사각형은 서로 합동입니다. 물음에 답하세요.

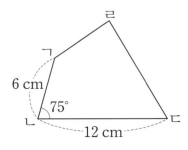

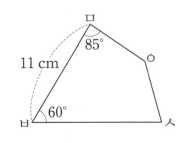

6 변 ㄷㄹ은 몇 cm인가요?

(   ) cm

7 변 ㅂㅅ은 몇 cm인가요?

(   ) cm

8 각 ㄱㄹㄷ은 몇 도인가요?

(   )°

9 각 ㅂㅅㅇ은 몇 도인가요?

(   )°

10 각 ㅁㅇㅅ은 몇 도인지 구해 보세요.

(   )°

합동인 도형의 성질 알아보기

이름 :

날짜 :

시간 : : ~ :

🐸 합동인 도형의 성질 알아보기 ③

★ 두 삼각형은 서로 합동입니다. 물음에 답하세요.

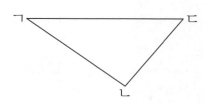 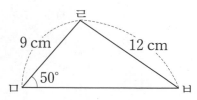

1 변 ㄱㄴ은 몇 cm인가요?

(   ) cm

2 각 ㄴㄷㄱ은 몇 도인가요?

(   )°

★ 두 삼각형은 서로 합동입니다. 물음에 답하세요.

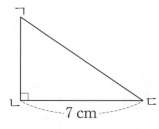 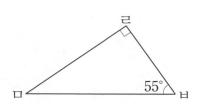

3 각 ㄴㄱㄷ은 몇 도인가요?

(   )°

4 각 ㄴㄷㄱ은 몇 도인지 구해 보세요.

(   )°

★ 두 사각형은 서로 합동입니다. 물음에 답하세요.

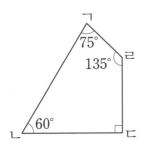

5 변 ㄷㄹ은 몇 cm인가요?

(   ) cm

6 각 ㅇㅁㅂ은 몇 도인가요?

(   )°

★ 두 사각형은 서로 합동입니다. 물음에 답하세요.

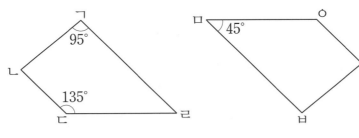

7 각 ㄷㄹㄱ은 몇 도인가요?

(   )°

8 각 ㄱㄴㄷ은 몇 도인지 구해 보세요.

(   )°

합동인 도형의 성질 알아보기

🐸 **합동인 도형의 성질 알아보기 ④**

1 두 삼각형은 서로 합동입니다. 삼각형 ㄹㅁㅂ의 둘레는 몇 cm인지 구해 보세요.

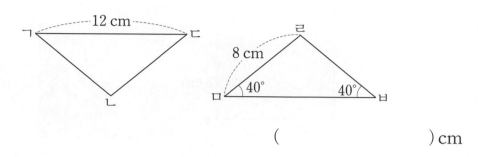

(   ) cm

2 두 사각형은 서로 합동입니다. 사각형 ㄱㄴㄷㄹ의 둘레는 몇 cm인지 구해 보세요.

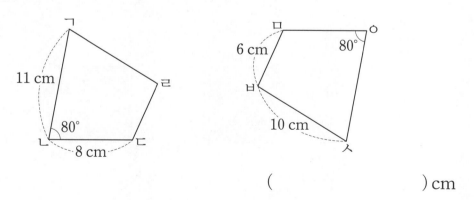

(   ) cm

3 두 직사각형은 서로 합동입니다. 직사각형 ㄱㄴㄷㄹ의 넓이는 몇 cm²인지 구해 보세요.

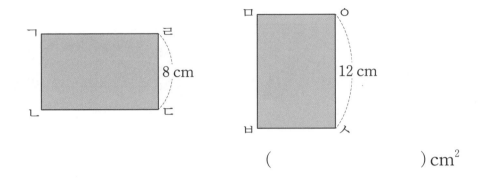

(   ) cm²

4 두 사다리꼴은 서로 합동입니다. 사다리꼴 ㅁㅂㅅㅇ의 넓이는 몇 cm²인지 구해 보세요.

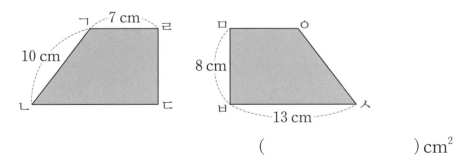

(   ) cm²

선대칭도형과 그 성질 알아보기

이름 :
날짜 :
시간 :   :   ~   :

🐸 선대칭도형 찾기 ①

★ 반으로 접었을 때 완전히 겹치는 도형을 찾아 기호를 써 보세요.

1

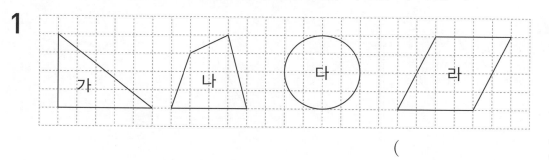

(   )

2

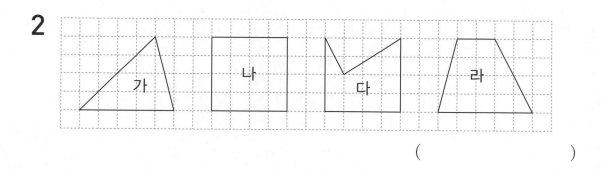

(   )

3

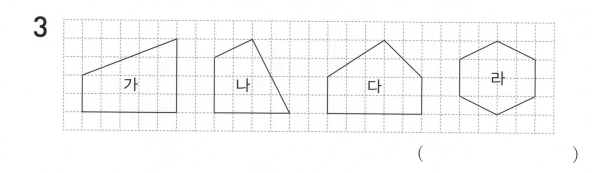

(   )

15과정 합동과 대칭

★ 반으로 접었을 때 완전히 겹치는 도형을 모두 찾아 기호를 써 보세요.

4

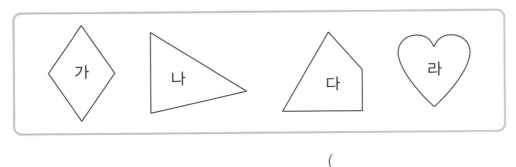

(   )

5

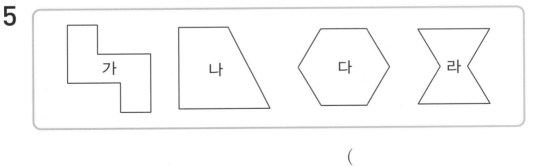

(   )

6

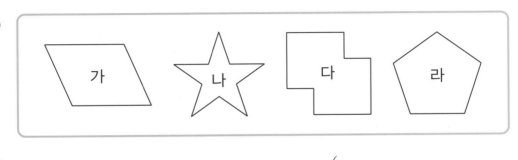

(   )

선대칭도형과 그 성질 알아보기

🐸 선대칭도형 찾기 ②

★ 선대칭도형을 모두 찾아 기호를 써 보세요.

> 한 직선을 따라 접었을 때 완전히 겹치는 도형을 선대칭도형이라고 합니다.

1

가 나 다
라 마 바

(   )

2

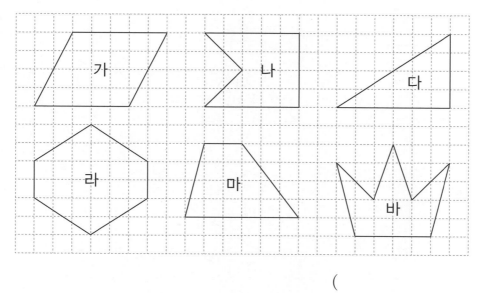

가 나 다
라 마 바

(   )

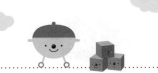

★ 선대칭도형을 모두 찾아 기호를 써 보세요.

3

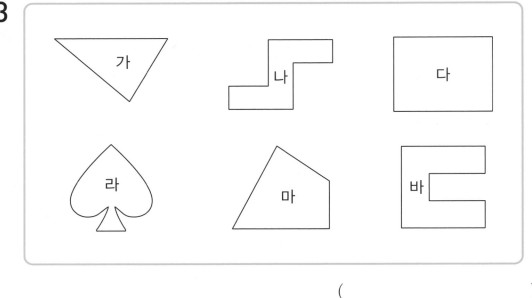

(   )

4

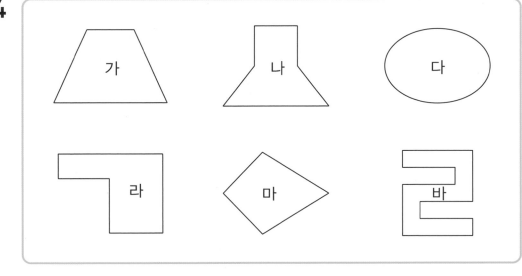

(   )

이름 :

날짜 :

시간 :   :   ~   :

선대칭도형과 그 성질 알아보기

🐸 선대칭도형 찾기 ③

★ 선대칭도형이 아닌 것을 찾아 기호를 써 보세요.

1

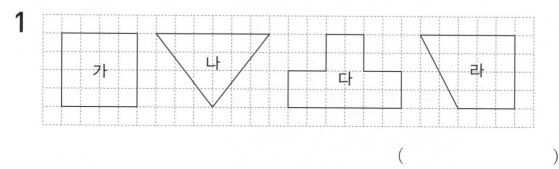

(   )

2

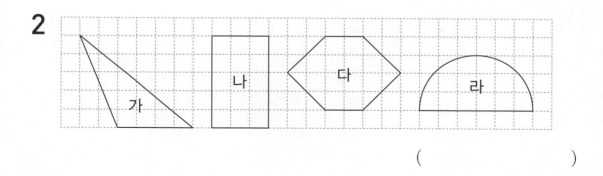

(   )

3

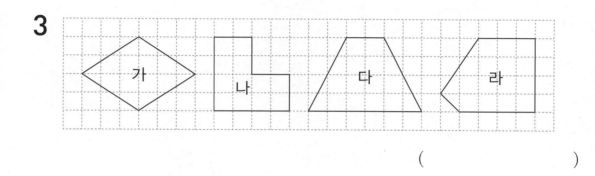

(   )

★ 선대칭도형이 아닌 것을 찾아 기호를 써 보세요.

4

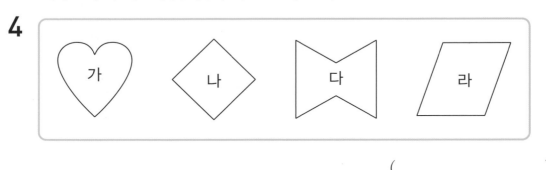

( )

5

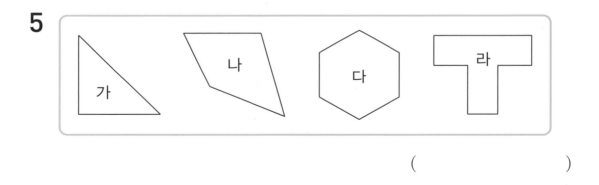

( )

6

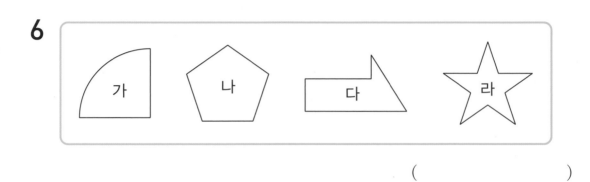

( )

선대칭도형과 그 성질 알아보기

🐸 선대칭도형의 대칭축 알아보기 ①

★ 선대칭도형의 대칭축을 바르게 나타낸 것에 ○표 하세요.

도형을 한 직선을 따라 접었을 때 완전히 겹치면 그 직선을 대칭축이라고 합니다.

1

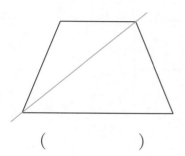

(   )   (   )

2

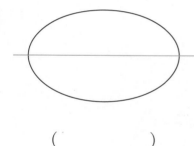

(   )   (   )

3

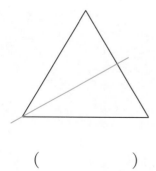

(   )   (   )

날짜 :
시간 :   :   ~   :

★ 선대칭도형의 대칭축을 바르게 나타낸 것에 ○표 하세요.

4

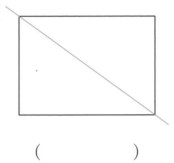

(   )   (   )

5

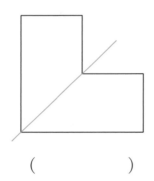 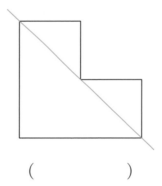

(   )   (   )

6

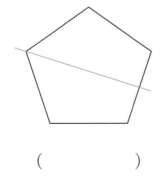 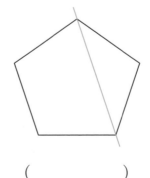

(   )   (   )

선대칭도형과 그 성질 알아보기

이름 :
날짜 :
시간 :   :   ~   :

🐸 선대칭도형의 대칭축 알아보기 ②

★ 다음 도형은 선대칭도형입니다. 대칭축을 모두 그려 보세요.

1
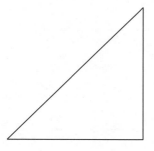

2

3
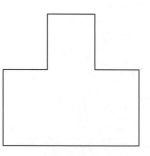

4
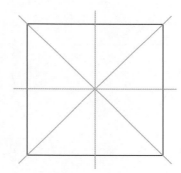

대칭축의 개수는 도형의 모양에 따라 여러 개일 수도 있습니다. 대칭축이 여러 개일 때 대칭축은 한 점에서 만납니다.

5
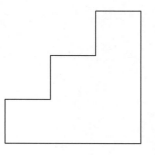

6
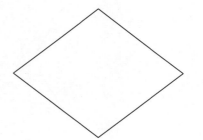

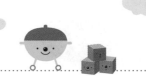

★ 다음 도형은 선대칭도형입니다. 대칭축을 모두 그려 보세요.

7

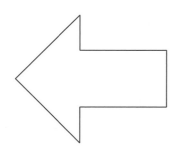

8

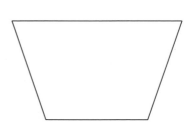

9

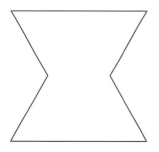

10

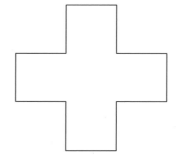

11

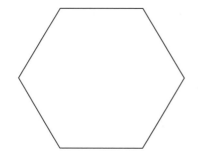

12

선대칭도형과 그 성질 알아보기

🐸 선대칭도형의 대칭축 알아보기 ③

★ 선대칭도형의 대칭축은 모두 몇 개인지 써 보세요.

1

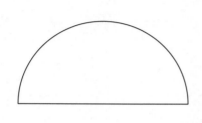

(   )개

2

(   )개

3

(   )개

4

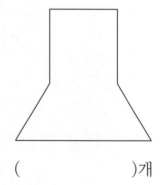

(   )개

5

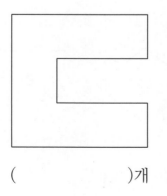

(   )개

6

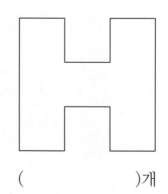

(   )개

★ 선대칭도형의 대칭축의 개수가 가장 많은 것을 찾아 기호를 써 보세요.

7

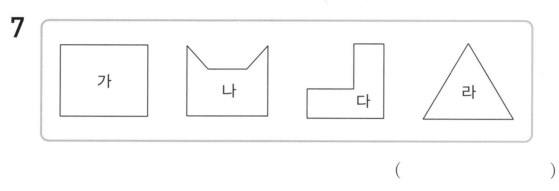

(   )

8

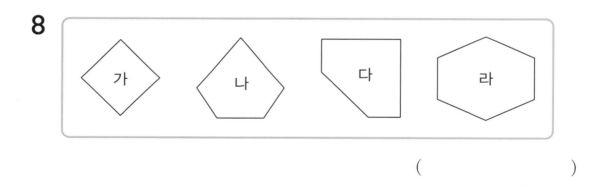

(   )

9

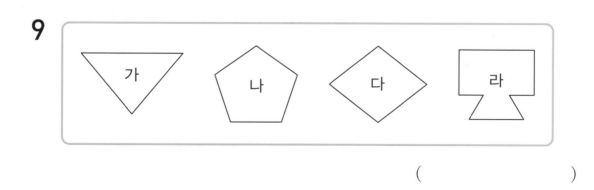

(   )

도형·측정편

21a

선대칭도형과 그 성질 알아보기

이름 :
날짜 :
시간 :   :   ~   :

🐸 선대칭도형의 대응점, 대응변, 대응각 알아보기

★ 선대칭도형에서 대응점, 대응변, 대응각을 알아보세요.

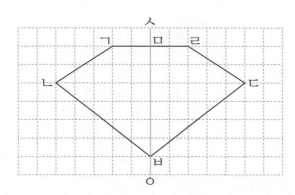

1 대응점을 각각 찾아 써 보세요.

점 ㄱ과 (   )

점 ㄴ과 (   )

대칭축을 따라 접었을 때 겹치는 점을 대응점, 겹치는 변을 대응변, 겹치는 각을 대응각이라고 합니다.

2 대응변을 각각 찾아 써 보세요.

변 ㄱㄴ과 (   )

변 ㄴㅂ과 (   )

3 대응각을 각각 찾아 써 보세요.

각 ㄱㄴㅂ과 (   )

각 ㄴㄱㅁ과 (   )

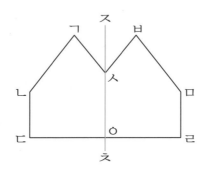

★ 선대칭도형에서 대응점, 대응변, 대응각을 알아보세요.

4 대응점을 각각 찾아 써 보세요.

점 ㄱ과 (   )

점 ㄴ과 (   )

점 ㄷ과 (   )

5 대응변을 각각 찾아 써 보세요.

변 ㄱㄴ과 (   )

변 ㄴㄷ과 (   )

변 ㄱㅅ과 (   )

6 대응각을 각각 찾아 써 보세요.

각 ㄱㄴㄷ과 (   )

각 ㄴㄷㅇ과 (   )

각 ㄴㄱㅅ과 (   )

영역별 반복집중학습 프로그램

도형·측정편

22a

이름 :

날짜 :

시간 :   :   ~   :

선대칭도형과 그 성질 알아보기

🐸 선대칭도형의 성질 알아보기 ①

★ 다음 도형은 선대칭도형입니다. 선대칭도형의 성질을 알아보세요.

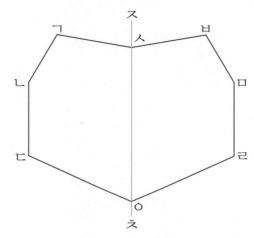

1 각각의 대응변의 길이를 재어 비교해 보세요.

대응변의 길이 비교	변 ㄱㄴ: ( ) cm	변 ㅂㅁ: ( ) cm
	변 ㄴㄷ: ( ) cm	변 ㅁㄹ: ( ) cm
	변 ㄷㅇ: ( ) cm	변 ㄹㅇ: ( ) cm
	변 ㄱㅅ: ( ) cm	변 ㅂㅅ: ( ) cm

2 각각의 대응각의 크기를 재어 비교해 보세요.

대응각의 크기 비교	각 ㄱㄴㄷ: ( )°	각 ㅂㅁㄹ: ( )°
	각 ㄴㄷㅇ: ( )°	각 ㅁㄹㅇ: ( )°
	각 ㄴㄱㅅ: ( )°	각 ㅁㅂㅅ: ( )°

3 위 1, 2번으로 알게 된 선대칭도형의 성질을 이야기해 보세요.

(   )

★ 선대칭도형의 대응점끼리 이은 선분과 대칭축 사이의 관계를 알아보세요.

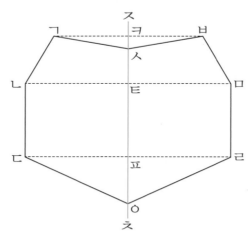

4 선분 ㄱㅋ과 선분 ㅂㅋ의 길이는 서로 같은가요?

( )

5 선분 ㄴㅌ과 선분 ㅁㅌ, 선분 ㄷㅍ과 선분 ㄹㅍ의 길이는 각각 서로 같은가요?

( )

6 대응점끼리 이은 선분 ㄱㅂ, 선분 ㄴㅁ, 선분 ㄷㄹ이 대칭축과 만나서 이루는 각은 각각 몇 도인가요?

( )

> 선대칭도형에서 대응점끼리 이은 선분은 대칭축과 수직으로 만나고, 대칭축은 대응점을 이은 선분을 둘로 똑같이 나눕니다.

7 선대칭도형의 대응점끼리 이은 선분과 대칭축 사이에 어떤 관계가 있는지 이야기해 보세요.

( )

선대칭도형과 그 성질 알아보기

🐸 선대칭도형의 성질 알아보기 ②

★ 선분 ㄱㄹ을 대칭축으로 하는 선대칭도형입니다. 물음에 답하세요.

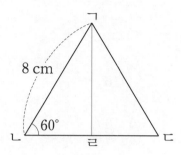

1 변 ㄱㄷ은 몇 cm인가요?

(   ) cm

2 각 ㄱㄷㄹ은 몇 도인가요?

(   )°

3 선분 ㄷㄹ이 4 cm라면 변 ㄴㄷ은 몇 cm인가요?

(   ) cm

4 변 ㄴㄷ과 대칭축 ㄱㄹ이 만나서 이루는 각도는 몇 도인가요?

(   )°

5 각 ㄷㄱㄹ은 몇 도인지 구해 보세요.

(   )°

★ 선분 ㄱㅅ을 대칭축으로 하는 선대칭도형입니다. 물음에 답하세요.

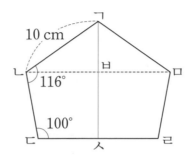

6 변 ㄱㅁ은 몇 cm인가요?

(   ) cm

7 각 ㄱㅁㄹ은 몇 도인가요?

(   )°

8 선분 ㄴㅁ이 대칭축과 만나서 이루는 각도는 몇 도인가요?

(   )°

9 선분 ㄴㅁ이 16 cm라면 선분 ㄴㅂ은 몇 cm인가요?

(   ) cm

10 각 ㄴㄱㅅ은 몇 도인지 구해 보세요.

(   )°

선대칭도형과 그 성질 알아보기

🐸 선대칭도형의 성질 알아보기 ③

★ 직선 ㄱㄴ을 대칭축으로 하는 선대칭도형입니다. ☐ 안에 알맞은 수를 써넣으세요.

1

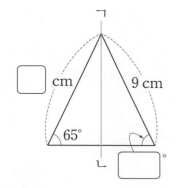

2

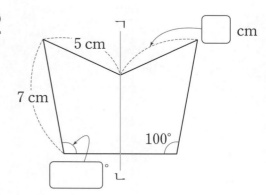

3

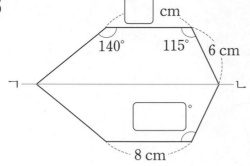

4

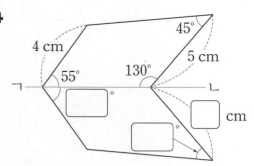

★ 직선 ㄱㄴ을 대칭축으로 하는 선대칭도형입니다. ☐ 안에 알맞은 수를 써넣으세요.

5

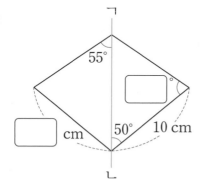

6

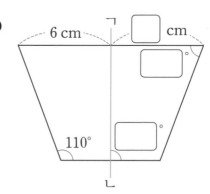

7

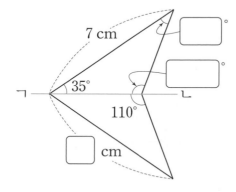

8

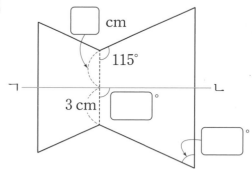

영역별 반복집중학습 프로그램

25a

선대칭도형과 그 성질 알아보기

이름 :

날짜 :

시간 :   :   ~   :

🐸 **선대칭도형의 성질 알아보기 ④**

1 선분 ㄱㄷ을 대칭축으로 하는 선대칭도형입니다. 이 선대칭도형의 둘레는
몇 cm인지 구해 보세요.

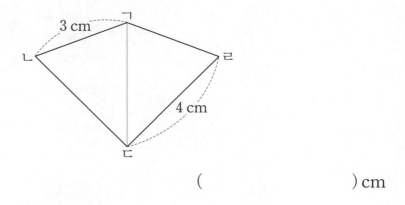

(   ) cm

2 선분 ㄱㄹ을 대칭축으로 하는 선대칭도형입니다. 사각형 ㄱㄴㄷㄹ이 평행
사변형일 때, 이 선대칭도형의 둘레는 몇 cm인지 구해 보세요.

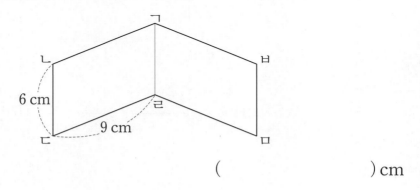

(   ) cm

3 선분 ㄱㄷ을 대칭축으로 하는 선대칭도형입니다. 이 선대칭도형의 넓이는 몇 cm²인지 구해 보세요.

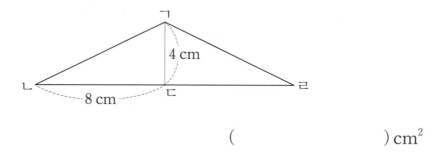

(   ) cm²

4 선분 ㄱㄹ을 대칭축으로 하는 선대칭도형입니다. 사각형 ㄱㄴㄷㄹ이 직사각형일 때, 이 선대칭도형의 넓이는 몇 cm²인지 구해 보세요.

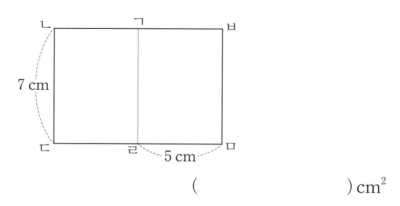

(   ) cm²

기탄영역별수학 | 도형·측정편

선대칭도형과 그 성질 알아보기

🐸 **선대칭도형 그리기 ①**

★ 선대칭도형이 되도록 그림을 완성하려고 합니다. 물음에 답하세요.

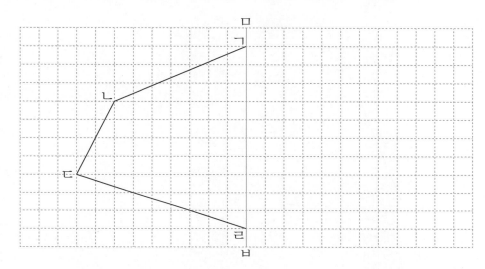

1 점 ㄴ에서 대칭축 ㅁㅂ에 수선을 긋고, 대칭축과 만나는 점을 찾아 점 ㅅ으로 표시해 보세요.

2 선분 ㄴㅅ과 길이가 같은 선분 ㅇㅅ이 되도록 점 ㄴ의 대응점을 찾아 점 ㅇ으로 표시해 보세요.

3 위 1, 2번과 같은 방법으로 점 ㄷ의 대응점을 찾아 점 ㅈ으로 표시해 보세요.

4 점 ㄹ과 점 ㅈ, 점 ㅈ과 점 ㅇ, 점 ㅇ과 점 ㄱ을 차례로 이어 선대칭도형이 되도록 그려 보세요.

★ 선대칭도형이 되도록 그림을 완성하려고 합니다. 물음에 답하세요.

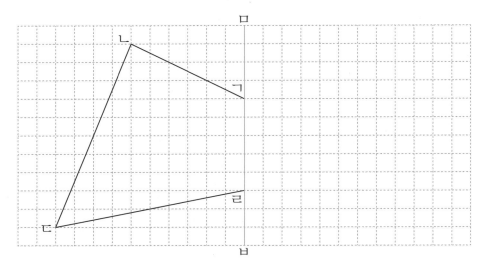

5 점 ㄴ에서 대칭축 ㅁㅂ에 수선을 긋고, 대칭축과 만나는 점을 찾아 점 ㅅ으로 표시해 보세요.

6 선분 ㄴㅅ과 길이가 같은 선분 ㅇㅅ이 되도록 점 ㄴ의 대응점을 찾아 점 ㅇ으로 표시해 보세요.

7 위 5~6번과 같은 방법으로 점 ㄷ의 대응점을 찾아 점 ㅈ으로 표시해 보세요.

8 점 ㄹ과 점 ㅈ, 점 ㅈ과 점 ㅇ, 점 ㅇ과 점 ㄱ을 차례로 이어 선대칭도형이 되도록 그려 보세요.

선대칭도형과 그 성질 알아보기

이름 :
날짜 :
시간 : : ~ :

선대칭도형 그리기 ②

★ 선대칭도형이 되도록 그림을 완성해 보세요.

1

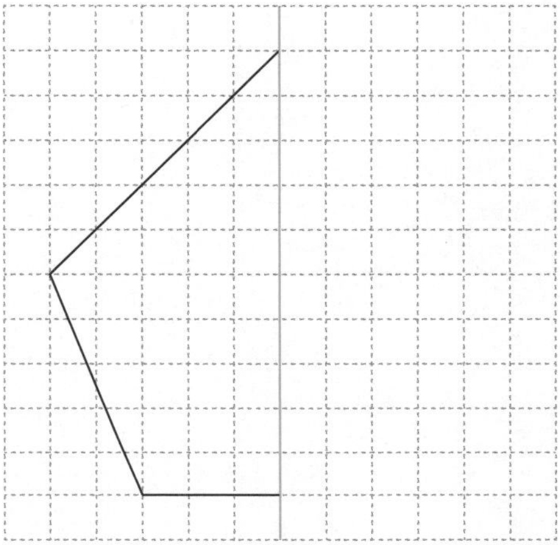

2

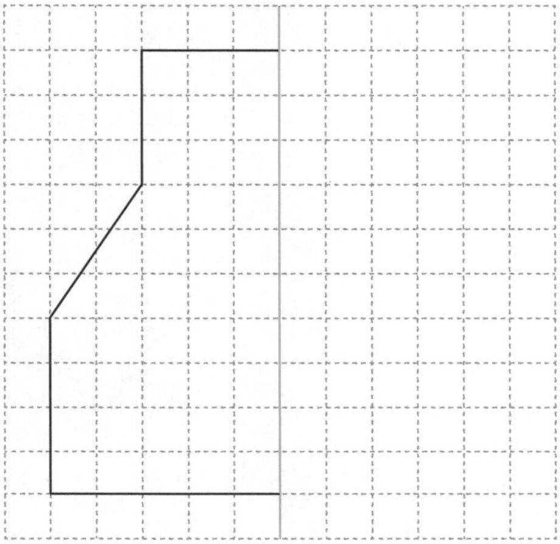

3

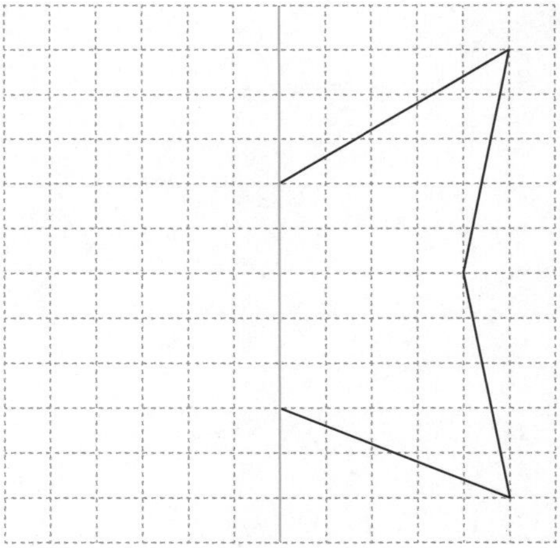

4

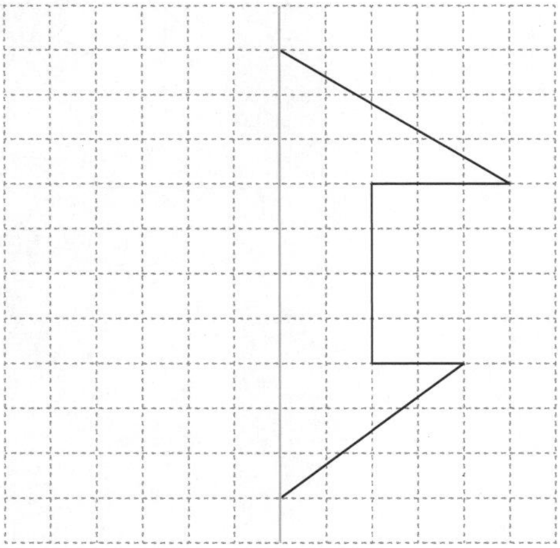

★ 선대칭도형이 되도록 그림을 완성해 보세요.

5
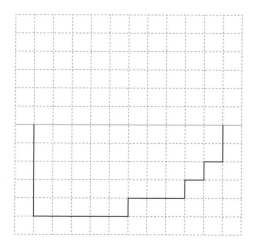

6
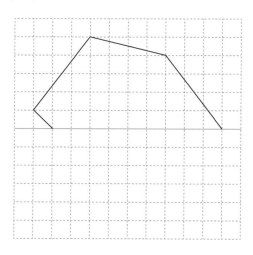

7
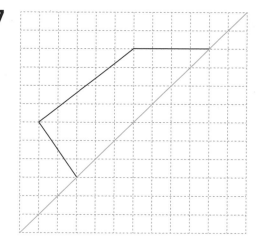

8
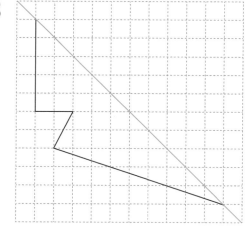

점대칭도형과 그 성질 알아보기

🐸 점대칭도형 찾기 ①

★ 점 ㅇ을 중심으로 180° 돌렸을 때 처음 도형과 완전히 겹치는 도형을 찾아 ○표 하세요.

1

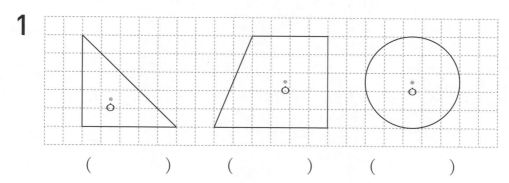

(   )   (   )   (   )

2

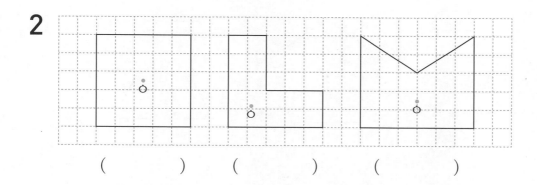

(   )   (   )   (   )

3

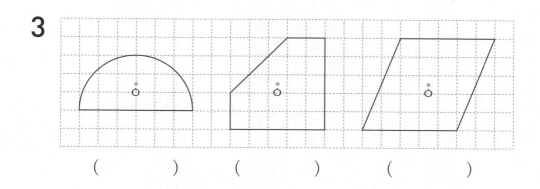

(   )   (   )   (   )

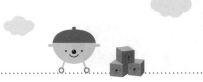

★ 점 ㅇ을 중심으로 180° 돌렸을 때 처음 도형과 완전히 겹치는 도형을 모두 찾아 ○표 하세요.

4

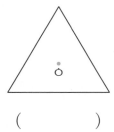
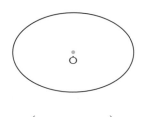
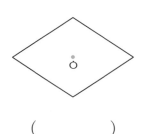

(   )   (   )   (   )

5

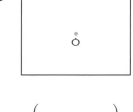
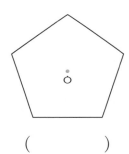
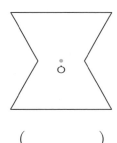

(   )   (   )   (   )

6

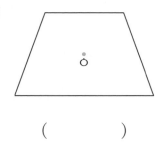
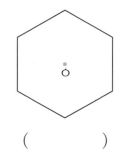
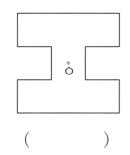

(   )   (   )   (   )

도형·측정편

29a

점대칭도형과 그 성질 알아보기

🐸 점대칭도형 찾기 ②

★ 점대칭도형을 모두 찾아 기호를 써 보세요.

한 도형을 어떤 점을 중심으로 180°
돌렸을 때 처음 도형과 완전히 겹치면
이 도형을 점대칭도형이라고 합니다.

1

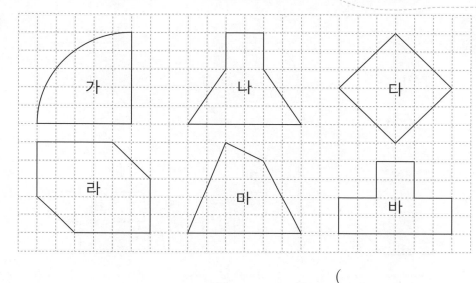

(   )

2

(   )

29b

영역별 반복집중학습 프로그램

★ 점대칭도형을 모두 찾아 기호를 써 보세요.

3
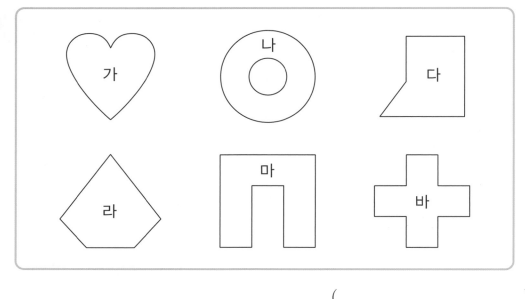

(   )

4
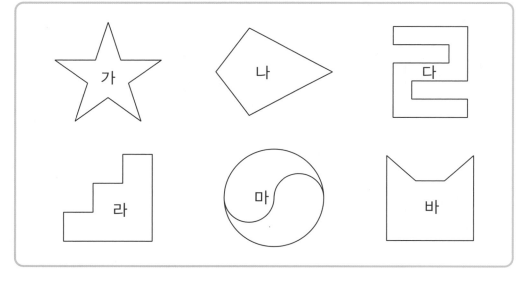

(   )

점대칭도형과 그 성질 알아보기

이름 :
날짜 :
시간 : : ~ :

점대칭도형 찾기 ③

★ 점대칭도형인 것을 모두 찾아 써 보세요.

1

A C E N U X

( )

2

ㄱ ㄷ ㄹ ㅇ ㅂ ㅈ

( )

3

D H P T W Z

( )

★ 점대칭도형인 것을 모두 찾아 써 보세요.

4

ㄴ ㅁ ㅅ ㅌ ㅍ ㅎ

(   )

5

B I M L S V

(   )

6

0 2 3 6 8 9

(   )

점대칭도형과 그 성질 알아보기

🐸 점대칭도형 찾기 ④

1 선대칭도형과 점대칭도형을 각각 찾아 기호를 써 보세요.

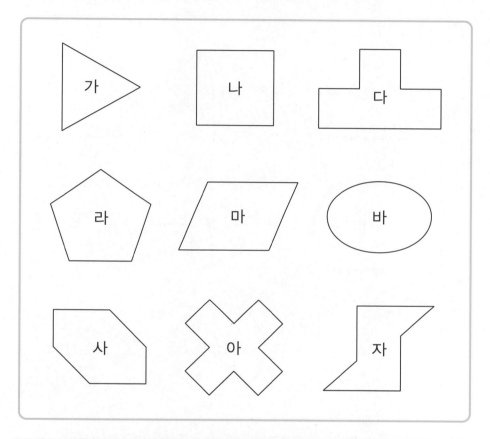

선대칭도형	점대칭도형

선대칭도형이면서
점대칭도형인 것을 찾으면
, , 입니다.

영역별 반복집중학습 프로그램

2 선대칭도형과 점대칭도형을 각각 찾아 기호를 써 보세요.

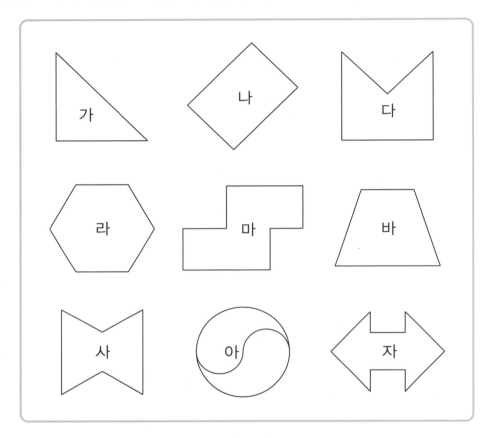

선대칭도형	점대칭도형

3 위 **2**번에서 선대칭도형이면서 점대칭도형인 것을 모두 찾아 기호를 써 보세요.

(   )

도형·측정편

32a

점대칭도형과 그 성질 알아보기

이름 :

날짜 :

시간 :   :   ~   :

🐸 점대칭도형의 대칭의 중심 알아보기 ①

★ 점대칭도형에서 대칭의 중심을 찾아 기호를 써 보세요.

1

ㄱ
ㄴ
ㄷ
ㄹ

(   )

2

ㄱ
ㄴ
ㄷ
ㄹ

(   )

> 한 도형을 어떤 점을 중심으로 180° 돌렸을 때 처음 도형과 완전히 겹치면 그 점을 대칭의 중심이라고 합니다.

3

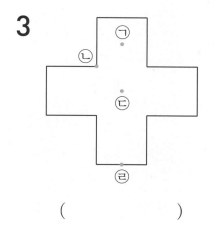

ㄱ
ㄴ
ㄷ
ㄹ

(   )

4

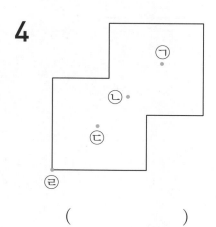

ㄱ
ㄴ
ㄷ
ㄹ

(   )

★ 점대칭도형에서 찾을 수 있는 대칭의 중심은 몇 개인지 써 보세요.

5

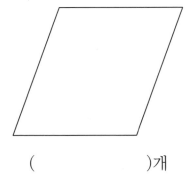

(   )개

6

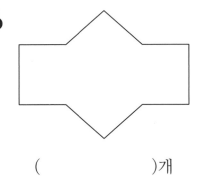

(   )개

7

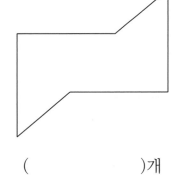

(   )개

8

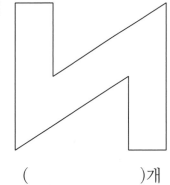

(   )개

점대칭도형과 그 성질 알아보기

이름 :

날짜 :

시간 :   :   ~   :

🐸 점대칭도형의 대칭의 중심 알아보기 ②

★ 다음은 점대칭도형입니다. 대칭의 중심을 찾아 표시해 보세요.

1

2
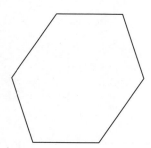

3
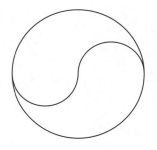

4

5
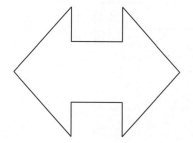

6
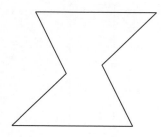

★ 다음은 점대칭도형입니다. 대칭의 중심을 찾아 표시해 보세요.

7

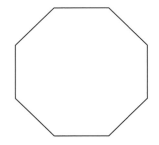

8

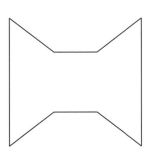

9

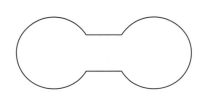

10

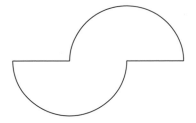

11

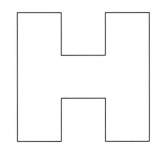

12

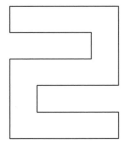

점대칭도형과 그 성질 알아보기

이름 :
날짜 :
시간 :　:　~　:

🐸 점대칭도형의 대응점, 대응변, 대응각 알아보기

★ 다음 도형은 점대칭도형입니다. 물음에 답하세요.

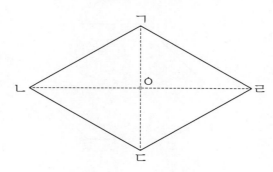

1 대응점을 각각 찾아 써 보세요.

대칭의 중심을 중심으로
180° 돌렸을 때 겹치는 점을
대응점, 겹치는 변을 대응변,
겹치는 각을 대응각이라고
합니다.

점 ㄱ과 (　　　　　　　　)

점 ㄴ과 (　　　　　　　　)

2 대응변을 각각 찾아 써 보세요.

변 ㄱㄴ과 (　　　　　　　)

변 ㄴㄷ과 (　　　　　　　)

3 대응각을 각각 찾아 써 보세요.

각 ㄱㄴㄷ과 (　　　　　　)

각 ㄴㄷㄹ과 (　　　　　　)

★ 다음 도형은 점대칭도형입니다. 물음에 답하세요.

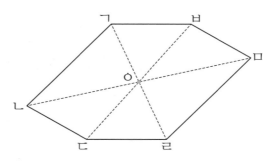

4 대응점을 각각 찾아 써 보세요.

점 ㄱ과 (   )

점 ㄴ과 (   )

점 ㄷ과 (   )

5 대응변을 각각 찾아 써 보세요.

변 ㄱㄴ과 (   )

변 ㄴㄷ과 (   )

변 ㄱㅂ과 (   )

6 대응각을 각각 찾아 써 보세요.

각 ㄱㄴㄷ과 (   )

각 ㄴㄷㄹ과 (   )

각 ㄴㄱㅂ과 (   )

점대칭도형과 그 성질 알아보기

🐸 점대칭도형의 성질 알아보기 ①

★ 다음 도형은 점대칭도형입니다. 점대칭도형의 성질을 알아보세요.

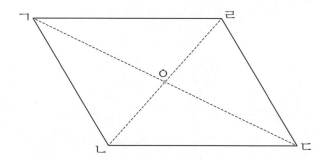

1 각각의 대응변의 길이를 재어 비교해 보세요.

대응변의 길이 비교	변 ㄱㄴ: ( ) cm	변 ㄷㄹ: ( ) cm
	변 ㄴㄷ: ( ) cm	변 ㄹㄱ: ( ) cm

2 각각의 대응각의 크기를 재어 비교해 보세요.

대응각의 크기 비교	각 ㄱㄴㄷ: ( )°	각 ㄷㄹㄱ: ( )°
	각 ㄹㄱㄴ: ( )°	각 ㄴㄷㄹ: ( )°

3 위 1, 2번으로 알게 된 점대칭도형의 성질을 이야기해 보세요.

(   )

★ 점대칭도형의 대응점끼리 이은 선분과 대칭의 중심 사이의 관계를 알아보세요.

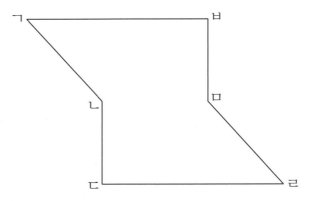

4 점대칭도형의 대응점끼리 각각 이어 보세요.

5 점대칭도형의 대칭의 중심을 찾아 점 ㅇ으로 표시해 보세요.

6 선분 ㄱㅇ과 선분 ㄹㅇ의 길이, 선분 ㄴㅇ과 선분 ㅁㅇ의 길이, 선분 ㄷㅇ과 선분 ㅂㅇ의 길이를 각각 비교하여 ○ 안에 >, =, <를 알맞게 써넣으세요.

(선분 ㄱㅇ) ◯ (선분 ㄹㅇ)

(선분 ㄴㅇ) ◯ (선분 ㅁㅇ)

(선분 ㄷㅇ) ◯ (선분 ㅂㅇ)

> 점대칭도형에서 대칭의 중심인 점 ㅇ은 대응점끼리 이은 선분을 둘로 똑같이 나눕니다.

7 점대칭도형의 대응점끼리 이은 선분과 대칭의 중심 사이에 어떤 관계가 있는지 이야기해 보세요.

( )

기탄영역별수학 | 도형·측정편

점대칭도형과 그 성질 알아보기

이름 :
날짜 :
시간 :   : ~ :

🐸 **점대칭도형의 성질 알아보기 ②**

★ 점대칭도형을 보고 물음에 답하세요.

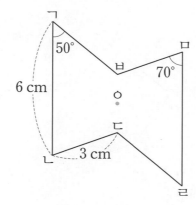

1 점 ㅇ을 무엇이라고 하나요?

(   )

2 변 ㄱㅂ의 대응변을 찾아 써 보세요.

(   )

3 각 ㄴㄱㅂ의 대응각을 찾아 써 보세요.

(   )

4 변 ㄹㅁ은 몇 cm인가요?

(   ) cm

5 각 ㅁㄹㄷ은 몇 도인가요?

(   )°

★ 점대칭도형을 보고 물음에 답하세요.

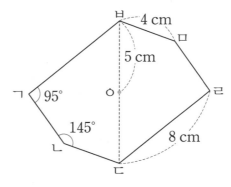

6 변 ㄴㄷ은 몇 cm인가요?

(   ) cm

7 변 ㄱㅂ은 몇 cm인가요?

(   ) cm

8 각 ㄷㄹㅁ은 몇 도인가요?

(   )°

9 각 ㄹㅁㅂ은 몇 도인가요?

(   )°

10 선분 ㄷㅇ은 몇 cm인가요?

(   ) cm

도형·측정편

37a

점대칭도형과 그 성질 알아보기

이름 :
날짜 :
시간 :   :   ~   :

🐸 **점대칭도형의 성질 알아보기 ③**

★ 점 ㅇ을 대칭의 중심으로 하는 점대칭도형입니다. ☐ 안에 알맞은 수를 써넣으세요.

1

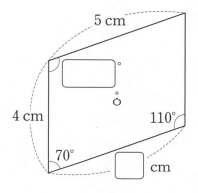

2

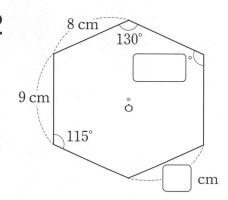

3

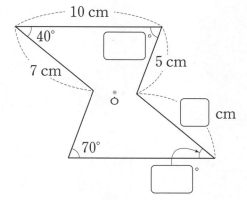

4

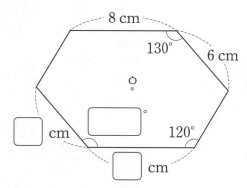

★ 점 ㅇ을 대칭의 중심으로 하는 점대칭도형입니다. ☐ 안에 알맞은 수를 써넣으세요.

5

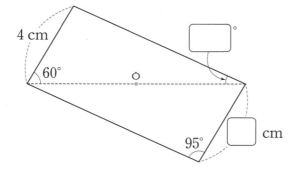

4 cm

60°

95°

☐°

☐ cm

6

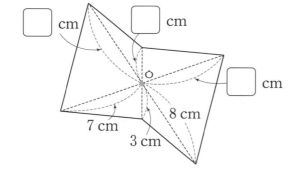

☐ cm

☐ cm

☐ cm

7 cm

3 cm

8 cm

7

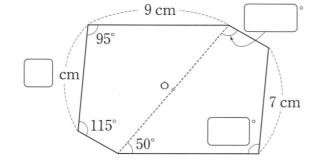

9 cm

95°

115°

50°

7 cm

☐ cm

☐°

☐

영역별 반복집중학습 프로그램

도형·측정편

38a

점대칭도형과 그 성질 알아보기

이름 :

날짜 :

시간 :   :   ~   :

🐸 **점대칭도형의 성질 알아보기 ④**

1 점 ○을 대칭의 중심으로 하는 점대칭도형입니다. 이 점대칭도형의 둘레는 몇 cm인지 구해 보세요.

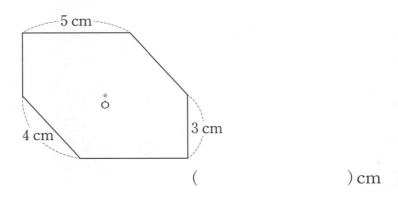

(   ) cm

2 점 ○을 대칭의 중심으로 하는 점대칭도형입니다. 이 점대칭도형의 둘레는 몇 cm인지 구해 보세요.

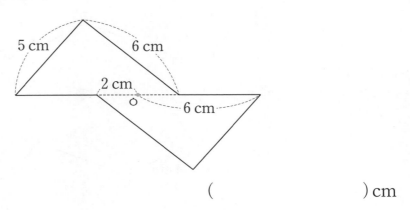

(   ) cm

영역별 반복집중학습 프로그램

3 점 ㅇ을 대칭의 중심으로 하는 점대칭도형입니다. 이 점대칭도형의 넓이는 몇 cm²인지 구해 보세요.

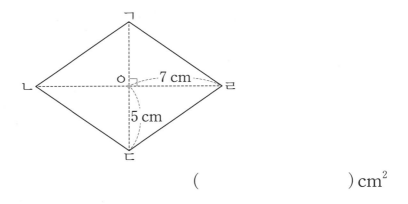

(   ) cm²

4 점 ㅇ을 대칭의 중심으로 하는 점대칭도형의 둘레가 28 cm입니다. 변 ㄴㄷ 은 몇 cm인지 구해 보세요.

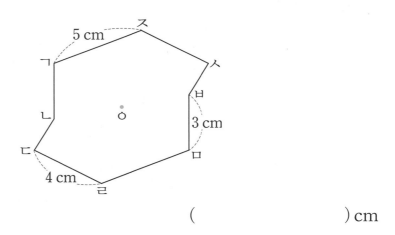

(   ) cm

도형·측정편
39a

점대칭도형과 그 성질 알아보기

이름 :

날짜 :

시간 :   :   ~   :

🐸 **점대칭도형 그리기 ①**

★ 점대칭도형이 되도록 그림을 완성하려고 합니다. 물음에 답하세요.

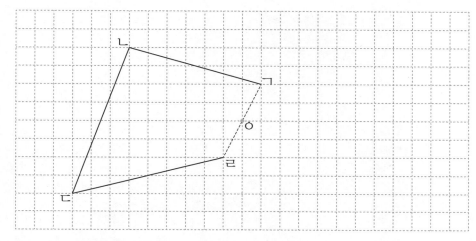

1 점 ㄴ에서 대칭의 중심인 점 ㅇ을 지나는 직선을 그어 보세요.

2 1번에서 그은 직선에 선분 ㄴㅇ과 길이가 같은 선분 ㅁㅇ이 되도록 점 ㄴ의 대응점을 찾아 점 ㅁ으로 표시해 보세요.

3 위 1~2번과 같은 방법으로 점 ㄷ의 대응점을 찾아 점 ㅂ으로 표시해 보세요.

4 점 ㄹ과 점 ㅁ, 점 ㅁ과 점 ㅂ, 점 ㅂ과 점 ㄱ을 차례로 이어 점대칭도형이 되도록 그려 보세요.

15과정 합동과 대칭

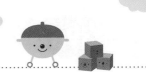

★ 점대칭도형이 되도록 그림을 완성하려고 합니다. 물음에 답하세요.

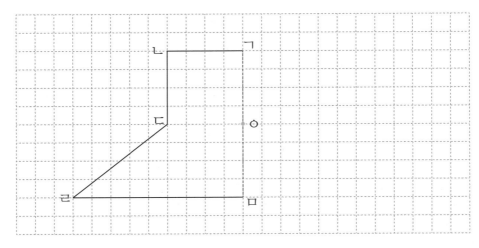

5 점 ㄴ에서 대칭의 중심인 점 ㅇ을 지나는 직선을 그어 보세요.

6 5번에서 그은 직선에 선분 ㄴㅇ과 길이가 같은 선분 ㅂㅇ이 되도록 점 ㄴ의 대응점을 찾아 점 ㅂ으로 표시해 보세요.

7 위 **5~6**번과 같은 방법으로 점 ㄷ과 점 ㄹ의 대응점을 찾아 점 ㅅ과 점 ㅈ으로 각각 표시해 보세요.

8 점 ㅁ과 점 ㅂ, 점 ㅂ과 점 ㅅ, 점 ㅅ과 점 ㅈ, 점 ㅈ과 점 ㄱ을 차례로 이어 점대칭도형이 되도록 그려 보세요.

점대칭도형과 그 성질 알아보기

이름 :

날짜 :

시간 :   :   ~   :

😊 점대칭도형 그리기 ②

★ 점대칭도형이 되도록 그림을 완성해 보세요.

1

2

3

4

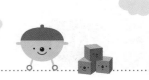

★ 점대칭도형이 되도록 그림을 완성해 보세요.

5

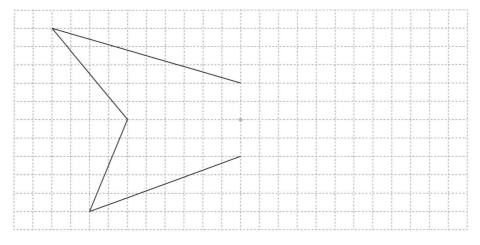

6

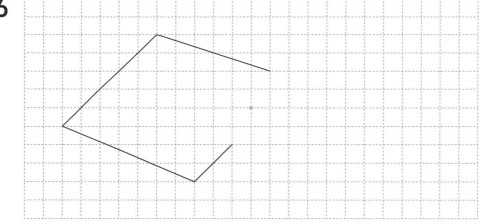

이제 합동과 대칭에 대한 문제는 걱정 없지요?
혹시 아쉬운 부분이 있다면 그 부분만
좀 더 복습하세요. 수고하셨습니다.

기탄영역별수학
도형·측정편

성취도 테스트

15과정 | 합동과 대칭

이름			
실시 연월일	년	월	일
걸린 시간		분	초
오답 수			/ 15

기초부터 탄탄하게
G 기탄교육

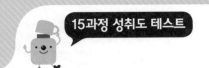

1 왼쪽 도형과 서로 합동인 도형을 찾아 ◯표 하세요.

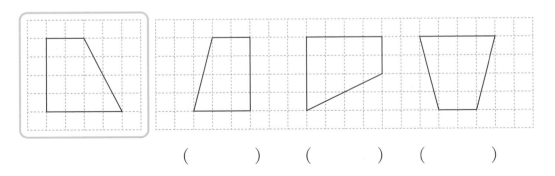

(   )   (   )   (   )

2 주어진 도형과 서로 합동인 도형을 그려 보세요.

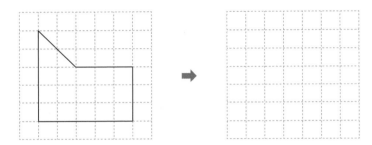

[3~4] 두 삼각형은 합동입니다. 물음에 답하세요.

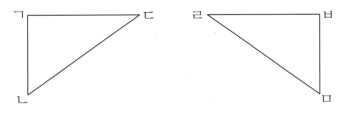

3 변 ㄴㄷ의 대응변을 찾아 써 보세요.

(   )

4 각 ㄱㄷㄴ의 대응각을 찾아 써 보세요.

(   )

5 두 직사각형은 서로 합동입니다. 직사각형 ㄱㄴㄷㄹ의 넓이는 몇 cm²인가요?

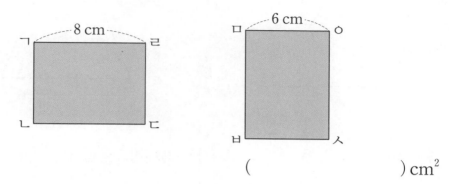

(   ) cm²

[6~7] 도형을 보고 물음에 답하세요.

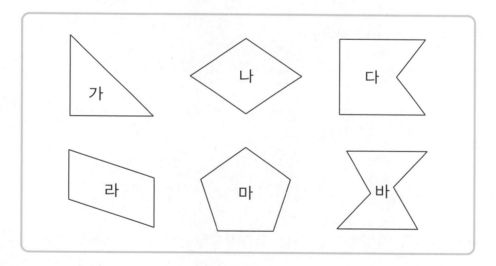

6 선대칭도형을 모두 찾아 기호를 써 보세요.

(   )

7 점대칭도형을 모두 찾아 기호를 써 보세요.

(   )

8 선대칭도형의 대칭축을 모두 그려 보세요.

(1) 　　　　(2)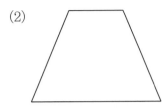

[9~10] 선분 ㄱㄹ을 대칭축으로 하는 선대칭도형입니다. 물음에 답하세요.

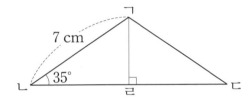

9 변 ㄱㄷ은 몇 cm인가요?

(　　　　　　) cm

10 각 ㄱㄷㄹ은 몇 도인가요?

(　　　　　　)°

11 직선 ㄱㄴ을 대칭축으로 하는 선대칭도형입니다. ☐ 안에 알맞은 수를 써 넣으세요.

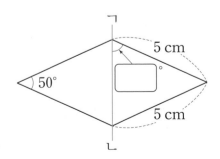

[12~13] 점대칭도형을 보고 물음에 답하세요.

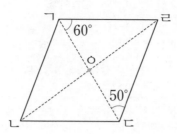

12 선분 ㄴㅇ과 길이가 같은 선분은 어느 것인가요?

(   )

13 각 ㄱㄴㄷ은 몇 도인가요?

(   )°

14 점 ㅇ을 대칭의 중심으로 하는 점대칭도형입니다. 이 점대칭도형의 둘레는 몇 cm인지 구해 보세요.

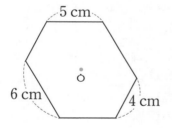

(   ) cm

15 점대칭도형이 되도록 그림을 완성해 보세요.

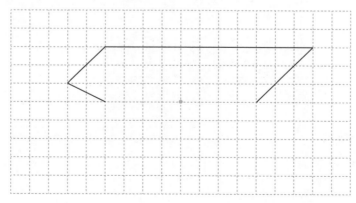

15과정 | 합동과 대칭

번호	평가 요소	평가 내용	결과(O, X)	관련 내용
1	도형의 합동 알아보기	모양과 크기가 같아서 포개었을 때 완전히 겹치는 도형이 합동이라는 것을 알고 찾아보는 문제입니다.		2a
2		주어진 도형과 서로 합동인 도형을 그릴 수 있는지 확인하는 문제입니다.		5a
3	합동인 도형의 성질 알아보기	서로 합동인 두 도형을 포개었을 때 완전히 겹치는 변이 대응변, 완전히 겹치는 각이 대응각이라는 것을 알고 찾아보는 문제입니다.		9a
4				9a
5		합동인 도형의 성질을 이용하여 직사각형의 넓이를 구해 보는 문제입니다.		14b
6	선대칭도형과 그 성질 알아보기	한 직선을 따라 접었을 때 완전히 겹치는 도형이 선대칭도형이라는 것을 알고 찾아보는 문제입니다.		16a
7	점대칭도형과 그 성질 알아보기	한 도형을 어떤 점을 중심으로 $180°$ 돌렸을 때 처음 도형과 완전히 겹치는 도형이 점대칭도형이라는 것을 알고 찾아보는 문제입니다.		29a
8	선대칭도형과 그 성질 알아보기	직선을 따라 접었을 때 완전히 겹치도록 대칭축을 그려 보는 문제입니다.		19a
9		선대칭도형의 성질을 이용하여 대응변의 길이와 대응각의 크기를 확인하는 문제입니다.		23a
10				23a
11		선대칭도형의 성질을 이용하여 선대칭도형의 각의 크기를 구해 보는 문제입니다.		24a
12	점대칭도형과 그 성질 알아보기	대칭의 중심이 대응점끼리 이은 선분을 둘로 똑같이 나누는 것을 아는지 확인하는 문제입니다.		35b
13		점대칭도형의 성질을 이용하여 점대칭도형의 각의 크기를 구해 보는 문제입니다.		37b
14		점대칭도형의 성질을 이용하여 점대칭도형의 둘레를 구해 보는 문제입니다.		38a
15		점대칭도형의 대응점을 모두 찾아서 차례로 선으로 이어 점대칭도형을 완성하는 문제입니다.		39a

평가	□ A등급(매우 잘함)	□ B등급(잘함)	□ C등급(보통)	□ D등급(부족함)
오답 수	0~1	2~3	4~5	6~

• A, B등급: 다음 교재를 시작하세요.

• C등급: 틀린 부분을 다시 한번 더 공부한 후, 다음 교재를 시작하세요.

• D등급: 본 교재를 다시 구입하여 복습한 후, 다음 교재를 시작하세요.

정답과 풀이

15과정 | 합동과 대칭

1ab

1 다		**2** 가		**3** 나	
4 나		**5** 다		**6** 가	

〈풀이〉

1~6 왼쪽 도형과 모양과 크기가 같아서 포개었을 때 완전히 겹치는 도형을 찾습니다.

2ab

1 ( ) ( ) (○)
2 ( ) (○) ( )
3 ( ) ( ) (○)
4 ( ) (○) ( )
5 ( ) ( ) (○)
6 (○) ( ) ( )

3ab

1 다, 사	**2** 라, 바
3 다, 바	**4** 라, 사

〈풀이〉

1 도형 가와 모양과 크기가 같은 도형을 찾으면 다, 사입니다.

2 도형 가와 모양과 크기가 같은 도형을 찾으면 라, 바입니다.

4ab

1 가와 라, 나와 사, 다와 마
2 가와 바, 다와 마
3 3   **4** 2

〈풀이〉

3 서로 합동인 도형은 가와 다, 나와 마, 라와 바로 모두 3쌍입니다.

4 서로 합동인 도형은 가와 아, 라와 마로 모두 2쌍입니다.

5ab

1 예
2 예
3 예
4 예
5 예
6 예

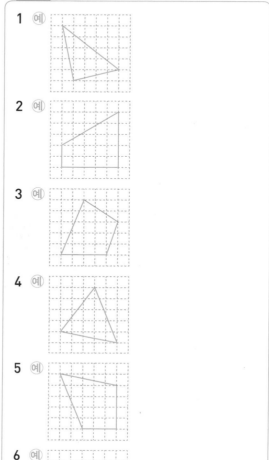

〈풀이〉

1~6 주어진 도형의 꼭짓점과 같은 위치에 점을 찍은 후 점들을 이어 합동인 도형을 그립니다. 이때, 모양과 크기가 같게 그리면 되므로 방향은 달라도 됩니다.

6ab

1 나		**2** 라		**3** 나	
4 다		**5** 가		**6** 나	

〈풀이〉
1~6 잘린 두 도형을 포개었을 때, 완전히 겹치지 않는 도형을 찾습니다.

7ab

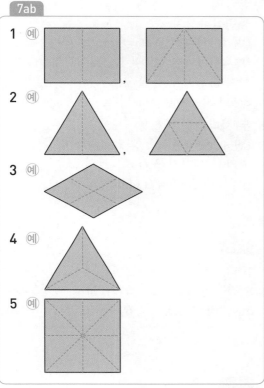

〈풀이〉
1~5 잘린 도형의 모양과 크기가 같게 선을 긋습니다.

8ab

1 점 ㄹ, 점 ㅁ, 점 ㅂ
2 변 ㄹㅁ, 변 ㅁㅂ, 변 ㅂㄹ
3 각 ㄹㅁㅂ, 각 ㄹㅂㅁ, 각 ㅁㄹㅂ
4 점 ㄹ, 점 ㅂ, 점 ㅁ
5 변 ㄹㅂ, 변 ㅂㅁ, 변 ㅁㄹ
6 각 ㄹㅂㅁ, 각 ㄹㅁㅂ, 각 ㅂㅁㄹ

9ab

1 점 ㅊ, 점 ㅋ, 점 ㅌ
2 변 ㅊㅋ, 변 ㅋㅌ, 변 ㅌㅊ
3 각 ㅊㅋㅌ, 각 ㅋㅌㅊ, 각 ㅌㅊㅋ
4 점 ㅊ, 점 ㅌ, 점 ㅋ
5 변 ㅊㅌ, 변 ㅌㅋ, 변 ㅋㅊ
6 각 ㅊㅌㅋ, 각 ㅌㅋㅊ, 각 ㅋㅊㅌ

10ab

1 점 ㅁ, 점 ㅅ
2 변 ㅂㅅ, 변 ㅅㅇ
3 각 ㅁㅂㅅ, 각 ㅇㅁㅂ
4 점 ㅇ, 점 ㅂ
5 변 ㅁㅇ, 변 ㅂㅁ
6 각 ㅇㅅㅂ, 각 ㅅㅂㅁ

11ab

1 =, =, =   2 =, =, =
3 ⑩ 각각의 대응변의 길이가 서로 같습니다. 각각의 대응각의 크기가 서로 같습니다.
4 =, =, =, =   5 =, =, =, =
6 ⑩ 각각의 대응변의 길이가 서로 같습니다. 각각의 대응각의 크기가 서로 같습니다.

12ab

1 4	2 5
3 70	4 60
5 50, 50	6 11
7 12	8 85
9 75	10 140

〈풀이〉

1 변 ㄱㄴ의 대응변은 변 ㄹㅁ이고 대응변의 길이는 서로 같으므로
(변 ㄱㄴ)=(변 ㄹㅁ)=4 cm입니다.

3 각 ㄴㄱㄷ의 대응각은 각 ㅁㄹㅂ이고 대응각의 크기는 서로 같으므로
(각 ㄴㄱㄷ)=(각 ㅁㄹㅂ)=70°입니다.

5 각 ㄴㄷㄱ의 대응각은 각 ㅁㅂㄹ이고 대응각의 크기는 서로 같으므로
(각 ㄴㄷㄱ)=(각 ㅁㅂㄹ)=180°−60°−70°
=50°입니다.

6 변 ㄷㄹ의 대응변은 변 ㅂㅁ이고 대응변의 길이는 서로 같으므로
(변 ㄷㄹ)=(변 ㅂㅁ)=11 cm입니다.

9 각 ㅂㅅㅇ의 대응각은 각 ㄷㄴㄱ이고 대응각의 크기는 서로 같으므로
(각 ㅂㅅㅇ)=(각 ㄷㄴㄱ)=75°입니다.

10 (각 ㅁㅇㅅ)=360°−85°−60°−75°=140°

13ab

1 12		**2** 50	
3 55		**4** 35	
5 10		**6** 75	
7 45		**8** 85	

〈풀이〉

3 각 ㄴㄱㄷ의 대응각은 각 ㄹㅂㅁ이고 대응각의 크기는 서로 같으므로
(각 ㄴㄱㄷ)=(각 ㄹㅂㅁ)=55°입니다.

4 (각 ㄴㄷㄱ)=180°−90°−55°=35°

7 각 ㄷㄹㄱ의 대응각은 각 ㅇㅁㅂ이고 대응각의 크기는 서로 같으므로
(각 ㄷㄹㄱ)=(각 ㅇㅁㅂ)=45°입니다.

8 (각 ㄱㄴㄷ)=360°−135°−45°−95°=85°

14ab

1 28	**2** 35
3 96	**4** 80

〈풀이〉

1 삼각형 ㄹㅁㅂ은 두 각의 크기가 같은 이등변삼각형이므로
(변 ㄹㅂ)=(변 ㄹㅁ)=8 cm입니다.
(변 ㅁㅂ)=(변 ㄷㄱ)=12 cm이므로
삼각형 ㄹㅁㅂ의 둘레는
8+8+12=28 (cm)입니다.

4 두 사다리꼴은 합동이므로
(변 ㅁㅇ)=(변 ㄹㄱ)=7 cm입니다.
따라서 사다리꼴 ㅁㅂㅅㅇ의 넓이는
(7+13)×8÷2=80 (cm²)입니다.

15ab

1 다	**2** 나
3 라	**4** 가, 라
5 다, 라	**6** 나, 다, 라

16ab

1 가, 나, 바	**2** 나, 라, 바
3 다, 라, 바	**4** 가, 나, 다, 마

〈풀이〉

1~4 한 직선을 따라 접었을 때 완전히 겹치는 도형을 찾습니다.

17ab

1 라	**2** 가
3 라	**4** 라
5 나	**6** 다

18ab

1 (　)(○)　　2 (○)(　)
3 (○)(　)　　4 (　)(○)
5 (○)(　)　　6 (○)(　)

〈풀이〉

1~12 대칭축은 여러 개가 있을 수 있으므로 접은 모양을 생각해 보며 빠뜨리지 않게 대칭축을 찾아봅니다.

19ab

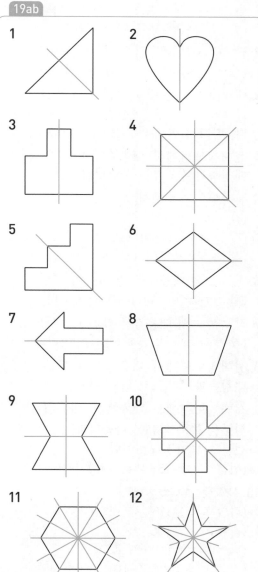

20ab

1 1	2 2	3 4
4 1	5 1	6 2
7 라	8 가	9 나

〈풀이〉

1
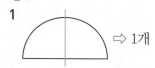
⇨ 1개

2
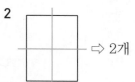
⇨ 2개

3
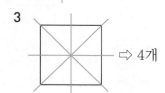
⇨ 4개

4
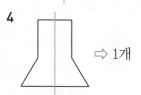
⇨ 1개

5
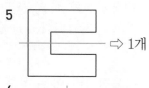
⇨ 1개

6
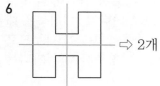
⇨ 2개

7 가: 2개, 나: 1개, 다: 1개, 라: 3개

8 가: 4개, 나: 1개, 다: 1개, 라: 2개

9 가: 1개, 나: 5개, 다: 2개, 라: 1개

21ab

1 점 ㄹ, 점 ㄷ

2 변 ㄹㄷ, 변 ㄷㅂ

3 각 ㄹㄷㅂ, 각 ㄷㄹㅁ

4 점 ㅂ, 점 ㅁ, 점 ㄹ

5 변 ㅂㅁ, 변 ㅁㄹ, 변 ㅂㅅ

6 각 ㅂㅁㄹ, 각 ㅁㄹㅇ, 각 ㅁㅂㅅ

〈풀이〉

1~6 대칭축을 따라 접었을 때 겹치는 점, 겹치는 변, 겹치는 각을 찾아 씁니다.

22ab

1 (1.5, 1.5), (2, 2), (3, 3), (2, 2)

2 (150, 150), (115, 115), (110, 110)

3 예 선대칭도형에서 각각의 대응변의 길이가 서로 같습니다. 선대칭도형에서 각각의 대응각의 크기가 서로 같습니다.

4 예 길이가 서로 같습니다.

5 예 길이가 서로 같습니다.

6 예 모두 90°입니다.

7 예 선대칭도형의 대응점끼리 이은 선분은 대칭축과 수직으로 만납니다.

〈풀이〉

4~7 선대칭도형에서 대응점끼리 이은 선분은 대칭축과 수직으로 만나고, 대칭축은 대응점을 이은 선분을 둘로 똑같이 나누므로 각각의 대응점에서 대칭축까지의 거리는 서로 같습니다.

23ab

1 8	**2** 60
3 8	**4** 90
5 30	**6** 10
7 116	**8** 90
9 8	**10** 54

〈풀이〉

1 변 ㄱㄷ의 대응변은 변 ㄱㄴ이므로 (변 ㄱㄷ)=(변 ㄱㄴ)=8 cm입니다.

2 각 ㄱㄷㄹ의 대응각은 각 ㄱㄴㄹ이므로 (각 ㄱㄷㄹ)=(각 ㄱㄴㄹ)=60°입니다.

3 대칭축 ㄱㄹ은 변 ㄴㄷ을 둘로 똑같이 나누므로 (선분 ㄴㄹ)=(선분 ㄷㄹ)=4 cm입니다. 따라서 변 ㄴㄷ은 8 cm입니다.

4 선대칭도형에서 대응점끼리 이은 선분은 대칭축과 수직으로 만납니다.

5 삼각형 ㄱㄹㄷ에서
(각 ㄱㄷㄹ)=60°,
(각 ㄱㄹㄷ)=90°이므로
(각 ㄷㄱㄹ)=180°−60°−90°=30°입니다.

6 변 ㄱㅁ의 대응변은 변 ㄱㄴ이므로 (변 ㄱㅁ)=(변 ㄱㄴ)=10 cm입니다.

7 각 ㄱㅁㄹ의 대응각은 각 ㄱㄴㄷ이므로 (각 ㄱㅁㄹ)=(각 ㄱㄴㄷ)=116°입니다.

8 선대칭도형에서 대응점끼리 이은 선분은 대칭축과 수직으로 만납니다.

9 선대칭도형에서 대칭축은 대응점을 이은 선분을 둘로 똑같이 나눕니다.
선분 ㄴㅁ이 16 cm이면
(선분 ㄴㅂ)=16÷2=8 (cm)입니다.

10 사각형 ㄱㄴㄷㅅ에서
(각 ㄱㄴㄷ)=116°,
(각 ㄴㄷㅅ)=100°,
(각 ㄱㅅㄷ)=90°이므로
(각 ㄴㄱㅅ)=360°−116°−100°−90°=54°입니다.

24ab

1

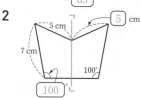

9 cm / 9 cm / 65° / 65

2

5 cm / 5 cm / 7 cm / 100° / 100

3

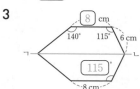

8 cm / 140° / 115° / 6 cm / 115 / 8 cm

4

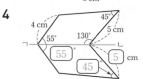

4 cm / 45° / 55° / 130° / 5 cm / 55 / 45 / 5 cm

5

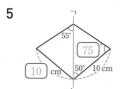

55° / 75 / 10 cm / 50° / 10 cm

6

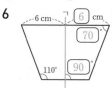

6 cm / 6 cm / 70 / 110° / 90

7

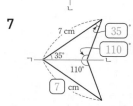

7 cm / 35 / 35° / 110 / 110° / 7 cm

8

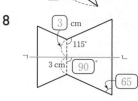

3 cm / 115° / 3 cm / 90 / 65

25ab

1 14	**2** 48
3 32	**4** 70

〈풀이〉

1 선대칭도형에서 대응변의 길이는 같으므로
(변 ㄱㄹ)=(변 ㄱㄴ)=3 cm,
(변 ㄴㄷ)=(변 ㄹㄷ)=4 cm입니다.
(도형의 둘레)=(3+4)×2=14 (cm)

3 대칭축 ㄱㄷ은 변 ㄴㄹ을 둘로 똑같이 나누
므로 (선분 ㄹㄷ)=(선분 ㄴㄷ)=8 cm입니다.
따라서 선대칭도형의 넓이는
16×4÷2=32 (cm²)입니다.

4 대칭축 ㄱㄹ은 변 ㄷㅁ을 둘로 똑같이 나누
므로 (선분 ㄷㄹ)=(선분 ㅁㄹ)=5 cm입니다.
따라서 선대칭도형의 넓이는
10×7=70 (cm²)입니다.

26ab

1~4

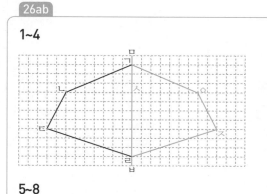

5~8

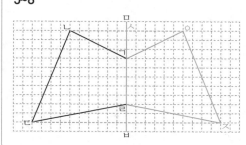

27ab

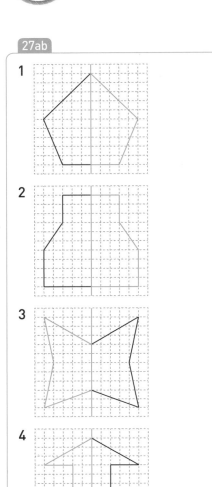

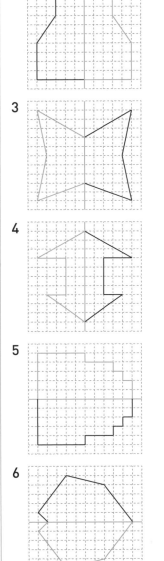

7

8

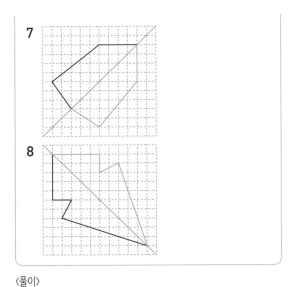

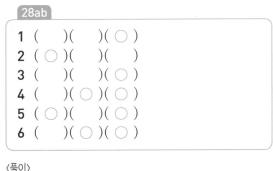

〈풀이〉

1~8 각 점의 대응점을 모두 찾아 표시한 후
차례로 이어 선대칭도형을 완성합니다.

28ab

1 (　　)(　　)(○)
2 (○)(　　)(　　)
3 (　　)(　　)(○)
4 (　　)(○)(○)
5 (○)(　　)(○)
6 (　　)(○)(○)

〈풀이〉

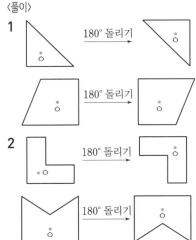

29ab

1 다, 라	**2** 가, 다, 마
3 나, 바	**4** 다, 마

〈풀이〉

1~4 어떤 점을 중심으로 180° 돌렸을 때, 처음 도형과 완전히 겹치는 도형을 찾습니다.

30ab

1 N, X	**2** ㄹ, ㅇ
3 H, Z	**4** ㅁ, ㅍ
5 I, S	**6** 0, 8

〈풀이〉

1 A ⇨ Ɐ, C ⇨ Ɔ, E ⇨ Ǝ,
N ⇨ N, U ⇨ ∩, X ⇨ X

2 ㄱ ⇨ ㄴ, ㄷ ⇨ ㄹ, ㄹ ⇨ ㄹ,
ㅇ ⇨ ㅇ, ㅂ ⇨ ㅂ, ㅈ ⇨ ㅈ

31ab

1 가, 나, 다, 라, 바, 아/   나, 마, 바, 사, 아, 자
2 가, 나, 다, 라, 바, 사, 자/   나, 라, 마, 사, 아, 자
3 나, 라, 사, 자

〈풀이〉

3 선대칭도형이면서 점대칭도형인 것은

 입니다.

32ab

1 ㄹ	**2** ㄷ
3 ㄷ	**4** ㄴ
5 1	**6** 1
7 1	**8** 1

〈풀이〉

1~4 점대칭도형에서 대응점끼리 이은 선분은 반드시 한 점에서 만나고 이 점이 대칭의 중심입니다.

5~8 점대칭도형에서 대칭의 중심은 도형의 모양에 관계없이 항상 1개입니다.

33ab

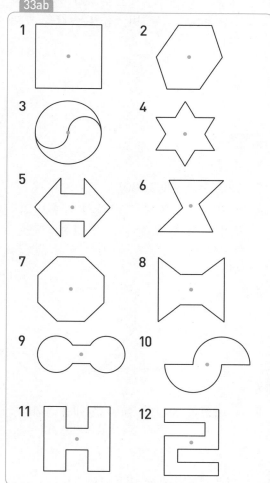

〈풀이〉

1~12 각각의 대응점을 모두 연결해서 만나는 점을 찾습니다.

34ab

1 점 ㄷ, 점 ㄹ
2 변 ㄷㄹ, 변 ㄹㄱ
3 각 ㄷㄹㄱ, 각 ㄹㄱㄴ
4 점 ㄹ, 점 ㅁ, 점 ㅂ
5 변 ㄹㅁ, 변 ㅁㅂ, 변 ㄹㄷ
6 각 ㄹㅁㅂ, 각 ㅁㅂㄱ, 각 ㅁㄹㄷ

〈풀이〉

1~6 대칭의 중심을 중심으로 180° 돌렸을 때 겹치는 점, 겹치는 변, 겹치는 각을 찾아 씁니다.

35ab

1 (4, 4), (5, 5)
2 (120, 120), (60, 60)
3 ㉔ 점대칭도형에서 각각의 대응변의 길이가 서로 같습니다. 점대칭도형에서 각각의 대응각의 크기가 서로 같습니다.

4~5

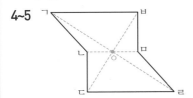

6 =, =, =
7 ㉔ 대칭의 중심인 점 ㅇ은 대응점끼리 이은 선분을 둘로 똑같이 나눕니다.

〈풀이〉

1~7 점대칭도형에서 대응변의 길이와 대응각의 크기는 서로 같고, 대칭의 중심은 대응점끼리 이은 선분을 둘로 똑같이 나눕니다.

36ab

1 대칭의 중심	2 변 ㄹㄷ
3 각 ㅁㄹㄷ	4 6
5 50	6 4
7 8	8 95
9 145	10 5

〈풀이〉

4 변 ㄹㅁ의 대응변은 변 ㄱㄴ이므로
(변 ㄹㅁ)=(변 ㄱㄴ)=6 cm입니다.

5 각 ㅁㄹㄷ의 대응각은 각 ㄴㄱㅂ이므로
(각 ㅁㄹㄷ)=(각 ㄴㄱㅂ)=50°입니다.

6 변 ㄴㄷ의 대응변은 변 ㅁㅂ이므로
(변 ㄴㄷ)=(변 ㅁㅂ)=4 cm입니다.

7 변 ㄱㅂ의 대응변은 변 ㄹㄷ이므로
(변 ㄱㅂ)=(변 ㄹㄷ)=8 cm입니다.

8 각 ㄷㄹㅁ의 대응각은 각 ㅂㄱㄴ이므로
(각 ㄷㄹㅁ)=(각 ㅂㄱㄴ)=95°입니다.

9 각 ㄹㅁㅂ의 대응각은 각 ㄱㄴㄷ이므로
(각 ㄹㅁㅂ)=(각 ㄱㄴㄷ)=145°입니다.

10 점대칭도형에서 대칭의 중심은 대응점끼리 이은 선분을 둘로 똑같이 나누므로
(선분 ㄷㅇ)=(선분 ㅂㅇ)=5 cm입니다.

37ab

1
5 cm
110
4 cm
110°
70°
5 cm

2
8 cm
130°
115
9 cm
115°
8 cm

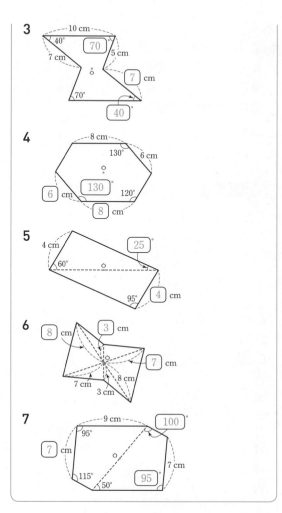

3

4

5

6

7

1 24	**2** 30
3 70	**4** 2

〈풀이〉

1

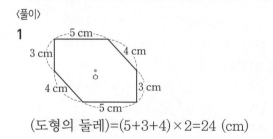

(도형의 둘레)=(5+3+4)×2=24 (cm)

2

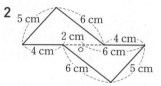

(도형의 둘레)=(5+4+6)×2=30 (cm)

3 점대칭도형에서 대칭의 중심은 대응점끼리 이은 선분을 둘로 똑같이 나누므로
(선분 ㄱㅇ)=(선분 ㄷㅇ)=5 cm,
(선분 ㄴㅇ)=(선분 ㄹㅇ)=7 cm입니다.
따라서 이 도형의 넓이는
14×10÷2=70 (cm²)입니다.

4 (변 ㅁㄹ)=(변 ㄱㅈ)=5 cm,
(변 ㅅㅈ)=(변 ㄷㄹ)=4 cm,
(변 ㄱㄴ)=(변 ㅁㅂ)=3 cm
(변 ㄴㄷ)=(변 ㅂㅅ)=□ cm라고 하면
(5+4+3+□)×2=28,
5+4+3+□=14, □=2 (cm)입니다.

1~4

5~8

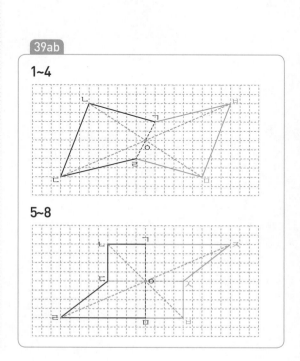

40ab

1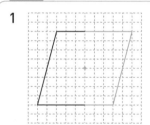

2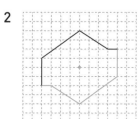

3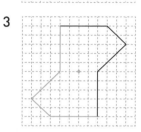

4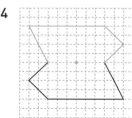

5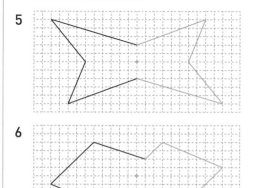

6

〈풀이〉
1~6 각 점에서 대칭의 중심을 지나는 직선을 긋고 대칭의 중심까지의 길이와 같도록 대응점을 찍은 후 각 대응점을 차례로 이어 점대칭도형을 완성합니다.

성취도 테스트

1 (　)(○)(　)
2 예

3 변 ㅁㄹ
4 각 ㅂㄹㅁ
5 48

6 가, 나, 다, 마
7 나, 라, 바
8 (1)　(2)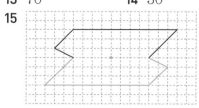

9 7　**10** 35
11 65　**12** 선분 ㄹㅇ
13 70　**14** 30
15

〈풀이〉
5 합동인 도형에서 대응변의 길이는 같으므로 (변 ㄱㄴ)=(변 ㅇㅁ)=6 cm입니다.
따라서 직사각형 ㄱㄴㄷㄹ의 넓이는 8×6=48 (cm²)입니다.

13 삼각형 ㄱㄷㄹ에서
(각 ㄷㄹㄱ)=180°−60°−50°=70°입니다.
점대칭도형에서 대응각의 크기는 같으므로
(각 ㄱㄴㄷ)=(각 ㄷㄹㄱ)=70°입니다.